Martin Stellmacher

Gut beraten

Martin Stellmacher

Gut beraten

Wie Sie die Zusammenarbeit effektiv
und wertschätzend gestalten

Für Unternehmensberater und ihre Klienten

Frankfurter Allgemeine Buch

Bibliografische Information der Deutschen Nationalbibliothek
Die Deutsche Nationalbibliothek verzeichnet diese Publikation
in der Deutschen Nationalbibliografie; detaillierte bibliografische
Daten sind im Internet über http://dnb.d-nb.de abrufbar.

Martin Stellmacher
Gut beraten
Wie Sie die Zusammenarbeit effektiv und wertschätzend gestalten
Für Unternehmensberater und ihre Klienten

F.A.Z.-Institut für Management-,
Markt- und Medieninformationen GmbH
Frankfurt am Main 2010

ISBN 978-3-89981-239-8

Frankfurter Allgemeine Buch

Copyright: F.A.Z.-Institut für Management-,
Markt- und Medieninformationen GmbH
60326 Frankfurt am Main
Gestaltung/Satz
Umschlag: F.A.Z., Verlagsgrafik
Titelfoto: Karsten Schreurs, GROBI Grafik & Illustrationen
Satz Innen: Angela Kottke
Druck: Messedruck Leipzig GmbH, Leipzig

Inhalt

Vorwort 9

Beratung – überflüssig, notwendiges Übel oder
wertschaffende Dienstleistung? 12

I Eine effektive Konstellation

1 Den passenden Berater an der richtigen Stelle einsetzen 24

1.1 Eine sinnvolle Unterstützung durch Berater 24

1.2 Ein fokussierter Einsatz von Beratern 31

1.3 Die Auswahl des richtigen Beraters 35

2 Die notwendigen Kompetenzen und die richtige
Einstellung dem Projekt gegenüber mitbringen 41

2.1 Guter Berater 42

2.2 Schlechter Berater 45

2.3 Guter Klient 46

2.4 Schlechter Klient 49

2.5 Unterschiedliche Konstellationen von Beratern und
Klienten bergen unterschiedliche Herausforderungen 51

2.6 Blockbuster: Das Projekt ist wirksam und effizient 52

2.7 Heldensage: Der Berater als „Retter" des Klienten 54

2.8 Einakter: Der Klient hält dem Berater die Hand 56

2.9 Tragödie: Ein Projekt hinterlässt verbrannte Erde 58

II   Ein wertschätzendes Miteinander

1   Eine wertschätzende Haltung gegenüber
dem anderen einnehmen   62

1.1 Warum wird jemand Berater?   64

1.2 Was zeichnet einen typischen Klienten aus?   70

1.3 Eine ideale Haltung spiegelt sich in verschiedenen
Dimensionen   74

1.4 Die Top 3 der Vorurteile gegenüber Beratern   83

1.5 Die Top 3 der Vorurteile gegenüber Klienten   95

2   Auf einen verbindlichen Stil im Umgang
miteinander achten   103

2.1 Ein gutes Projekt erkennt man daran,
dass viel miteinander und wenig übereinander
gesprochen wird   103

2.2 Ein Mindestmaß an sozialen Umgangsformen
wird von allen Beteiligten erwartet   104

2.3 Besonders sensibel reagieren Klienten auf die
Verhaltensweisen, mit denen der Berater sein
Klischee erfüllt   108

2.4 Berater sind auch nur Menschen, allerdings
eine besondere Spezies   114

2.5 Klienten verhalten sich oft auch nicht besser   115

2.6 Klienten sind auch nur Menschen, und zwar
die normale Spezies   122

2.7 Klare Fronten   123

III Eine verantwortliche operative Durchführung

1 Die jeweilige operative Verantwortung übernehmen 126

1.1 Klienten und Berater haben beide entsprechend ihrer Rolle im Projekt Verantwortung zu übernehmen 127

1.2 Die Top 6 der Unterlassungen der Klienten und Berater 129

2 Keine Phase eines idealtypischen Projektes auslassen 133

2.1 Eine Initiierung von Projekten nur mit klarer, realistischer Zielsetzung 134

2.2 Ein ehrlicher Pitch – von beiden Seiten 141

2.3 Eine ausführliche Auftragsklärung ohne Raum für Interpretationen 150

2.4 Eine explizite, verbindliche Planung und effiziente Organisation der Arbeit 161

2.5 Ein Kick-off mit Signalwirkung und unter Berücksichtigung der Unsicherheiten 169

2.6 Eine effiziente Durchführung von der Diagnose über die Empfehlung bis zur Implementierung 177

2.7 Eine Beendigung der Beraterunterstützung mit expliziter Reflexion zum beiderseitigen Lernen 193

2.8 Ein geeignetes Follow-up mit beiderseitiger Verantwortung zur Sicherung der Nachhaltigkeit 196

Fazit 200

Die 13 goldenen Regeln für Klienten 202

Die 13 goldenen Regeln für Berater 204

Glossar 206

Der Autor 214

Vorwort

Warum noch ein Buch über Beratung?

Managementberater sind scheinbar überall. Und jemand, der überall ist, bietet eine willkommene Projektionsfläche für kritische Kommentare. Kaum einer, der nicht etwas über Berater zu sagen hat.

Und doch scheint es auf der anderen Seite auch nicht ohne Berater zu gehen. Immerhin gehören sie seit vielen Jahren zum festen Inventar der Wirtschafts- und der Managementwelt. Irgendjemand muss sie folglich immer wieder anheuern. Was steckt also hinter der landläufigen Kritik an Beratern? Stimmt es, dass Projekte regelmäßig ohne nachhaltige Wirkung bleiben?

Je nach Wahl des Gesprächspartners oder des Buches zeichnet sich ein sehr unterschiedliches Bild von Beratern ab. In den einschlägigen „Abrechnungsbüchern" wird er als manipulativer Besserwisser beschrieben, der nur sein Ego pflegen und seinen Umsatz maximieren will. In den „Werbebüchern", zum Beispiel für Berufseinsteiger, wird er zum intelligenten, charismatischen Superhelden, ohne den es keine innovativen Ideen gäbe und der jeweilige Klient pleitegehen würde.

Das eine Bild trifft genauso selten zu wie das andere.

Die „kritischen Auseinandersetzungen" mit Beratung sind interessanterweise entweder von Journalisten geschrieben, die wenig Einblick in die Branche und keine Ahnung haben, wie es am „Point of Delivery", also der täglichen Arbeit der Berater beim Klienten vor Ort, tatsächlich zugeht, oder von Exberatern, bei denen in den ersten Sätzen klar wird, dass es ihnen um eine Abrechnung geht. Sei es nun aus enttäuschten Erwartungen heraus, in der Hoffnung, mit der Bestätigung von Vorurteilen einen schnellen Euro zu verdienen, oder aber weil sie sich tatsächlich über die Missstände ärgern, nach dem Motto: „Wenn ich über die Branche herziehe, fühle ich mich weniger mitschuldig." Ändern werden diese Bücher nichts. Sie verschärfen bestenfalls die Fronten und beschleunigen einen Teufelskreis.

In den Berichten über die „Superhelden" der Wirtschaft wird hingegen fast nie über Berater gesprochen – auch wenn diese häufig den Erfolg unterstützt haben. Immerhin gibt es heute immer weniger Unternehmenslenker, die sich nicht in der einen oder anderen Form beraten lassen.

Ebenso interessant ist auch die Frage, wieso im Zusammenhang mit „manipulativen Beratern" niemand darüber spricht, dass diese ja auch einen Klienten brauchen, der sich manipulieren lässt? Ich denke, es hat nicht viel Sinn, für die eine oder andere Seite Partei zu ergreifen und der langen Liste an Abrechnungsbüchern ein weiteres hinzuzufügen.

Projekte laufen nicht immer so wie geplant. Und sie bringen auch nicht immer das erwartete Ergebnis. Ich unterstelle aber in diesem Buch jedem – Klienten wie Beratern –, dass sie, bis auf wenige Ausnahmen, nach bestem Wissen und Gewissen handeln. Und mit der ehrlichen Absicht, Wirkung zu erzielen.

Es ist daher viel sinnvoller, sich Gedanken darüber zu machen, was beide Seiten dazu beitragen können und müssen, damit ein Projekt nachhaltig wirksam und in der Durchführung effizient wird. Denn egal, wie gut der Berater ist, ohne den Klienten kann es keine Veränderung und keinen Erfolg geben.

Wider den blinden Flecken!

Die Erfolgsfaktoren für effektive Projekte sind keine Geheimwissenschaft. Warum also kommt es trotzdem immer wieder zu Einbußen in der Wirksamkeit? Warum gibt es immer noch Projekte ohne geklärten Auftrag? Ohne konkrete, messbare Kriterien für einen Projekterfolg? Projekte, in denen die notwendigen Kompetenzen und Ressourcen nicht zur Verfügung gestellt werden? Konzepte, die in der Schublade enden, weil sie nicht „implementierbar" sind? Projekte, in denen nicht ausreichend kommuniziert wird?

Ich möchte mit diesem Buch beiden Seiten – Klienten wie Beratern – einen kritischen Spiegel vorhalten und das, was dabei sichtbar wird, wohlwollend interpretieren und zu erklären versuchen. Es werden zwar auch Themen der operativen Verantwortung in Projekten angesprochen, aber dieses Buch versteht sich nicht als weiteres „Handbuch für Projektmanagement" mit einem entsprechenden Anspruch auf Vollständigkeit. Sondern es fokussiert auf die wichtigsten Erfolgsfaktoren an der Schnittstelle zwischen Klienten und Beratern im Hinblick auf die Wirksamkeit und die Effizienz von Projekten – und auf die typischen Herausforderungen und Fehler auf beiden Seiten. Damit gehören zum Themenspektrum eben auch Fragen nach „richtigen" Projekten und notwendigen Kompetenzen. Es adressiert die gegenseitige Haltung, gängige Vorurteile und typische Verhaltensweisen.

Dieses Buch versteht sich als Aufruf zur gegenseitigen Wertschätzung. Es soll zum Nachdenken anregen und durchaus auch provozieren. Idealerweise bringt es Klienten und Berater dazu, gemeinsam selbstkritisch über das aktuelle Projekt zu reflektieren. Es richtet sich dabei an Klienten und Berater auf allen Hierarchieebenen. Einerseits geht es um die jeweils individuelle Perspektive, andererseits dient es schlicht dem gegenseitigen Verständnis.

Kommentare aus zahlreichen Interviews mit Klienten und Beratern aus den unterschiedlichsten Unternehmen und unterschiedlichen Hierarchiestufen bereichern das Buch mit gängigen Aspekten aus dem Berateralltag. Trotz der Bandbreite an Perspektiven kann es jedoch immer nur eine subjektive Betrachtung darstellen. Ich möchte keine Wahrheit proklamieren, sondern eine Projektionsfläche zur Reflexion anbieten.

Und zu guter Letzt ein Bekenntnis: Ja, ich bin ein Fan von Beratung – aber nur da, wo sie tatsächlich sinnvoll ist. Und nur so, dass sie tatsächlich eine nachhaltige Wirkung hinterlässt. Und gerade da gibt es einiges zu hinterfragen und zu tun.

Beratung – überflüssig, notwendiges Übel oder wertschaffende Dienstleistung?

Oder: Die Daten und Fakten über die Beraterbranche sagen auch viel über ihre Klienten aus

„Was würde passieren, wenn es ab sofort keine Unternehmensberater mehr gäbe?" Es würde im Großen und Ganzen genauso weitergehen wie bisher. Nur in den Nuancen und Einzelfällen sicherlich anders.

Diese Frage wurde jedem Interviewpartner als Einstieg gestellt. Die Antworten gingen alle in die gleiche Richtung, egal ob Klient oder Berater.

Alle sind sich einig, dass sich die Welt der Wirtschaft weiterdrehen würde. Es würde weiterhin Projekte geben, Innovationen, Optimierungen, Restrukturierungen, Strategien und Fusionen. Die Klienten würden einfach stärker auf ihre internen Ressourcen bauen. Oder diese entsprechend der Bedürfnisse ausbauen. Ein Klient meinte: „Dann müssten wir halt mal wieder selber mehr nachdenken." Und die Berater würden sich einfach spannende Aufgaben in den „normalen" Unternehmen suchen oder selber Unternehmen gründen.

Alle sind sich aber trotzdem einig, dass der Einsatz von Beratern prinzipiell sinnvoll ist. Der kleinste gemeinsame Nenner liegt darin, dass Berater Veränderungsprozesse zumindest beschleunigen und auf Spur halten. Nur die konkrete Art des sinnvollen Einsatzes, die Ausgestaltung der Arbeiten und der Umfang werden zum Teil sehr unterschiedlich beurteilt.

> „Wenn es ab sofort keine Berater mehr gäbe, würden viele Projekte nach hinten priorisiert werden, da wir intern einfach über zu wenige Ressourcen verfügen. Es wäre für uns ökonomisch nicht gut, da wir ständig mehr interne Ressourcen mit allen möglichen Expertisen und Kompetenzen vorhalten müssten. Aber Know-how würde mittelfristig nicht fehlen. 90 bis 95 Prozent des Wissens ist eigentlich im Unternehmen vorhanden."
>
> (Bereichsleiter, globaler Versicherungskonzern)

„Entscheidungen werden schlechter. Viele Führungskräfte könnten notwendige Diskussionen nicht mehr so unpolitisch führen wie mit einem Berater. Und der Berater bringt einen hohen Qualitätsanspruch in die Diskussionen ein. Es würde auch insgesamt weniger Veränderungsprozesse geben, da es an Impulsen von außen fehlt. In Summe bedeuten schlechtere Entscheidungen und langsamere Entwicklungen ein schlechteres BWL-Ergebnis für die Unternehmen und damit ein schlechteres VWL-Ergebnis für alle."

(Partner, globale Strategieberatung)

Größere Abweichungen in den Antworten gibt es bei der Frage, ob es ohne Berater überhaupt noch bahnbrechende Trends geben würde. Die Berater sehen sich als Innovatoren und Treiber von „Process Reengineering", „Deconstruction" und „Trading Up". Und sie werden auch durchaus von allen Beteiligten mit diesen Themen in Verbindung gebracht. Die Klienten sehen die Berater allerdings eher als Trendverstärker. Pioniere aus den Unternehmen seien die tatsächlichen Initiatoren der Trends. Und die Berater seien einfach gut darin, diese Impulse sehr schnell aufzugreifen, zu verpacken, zu kommunizieren und in der Breite zu implementieren. Und viele Klienten sind nur allzu bereit mitzuziehen. So oder so. Berater spielen bei der Verbreitung und Beschleunigung von Trends sicherlich eine wichtige Rolle. Und dass sie damit einen „Beratungsbedarf" generieren, kann man ihnen wohl kaum vorwerfen. Das gehört zur normalen Marketingstrategie eines jeden Unternehmens.

Mit einem Schmunzeln im Gesicht sprach ein Bereichsleiter während des Interviews noch ein anderes Thema an: „Wenn es ab sofort keine Berater mehr gäbe, stellt sich die Frage, wer dann zukünftig die attraktiven Positionen bekommt, die heute alle von Ex-McKinsey-Leuten besetzt werden?" Der ernste Hintergrund dieses Kommentars bezieht sich auf die immer stärkere Verwebung von Beratungsunternehmen – beziehungsweise deren Alumni-Netzwerken – und den Klientenorganisationen. Für viele Aufgaben sind Berater in der Tat exzellent ausgebildet und von Unternehmen sehr begehrt. Unterschätzt wird dabei die Signalwirkung an die Mitarbeiter in den Organisationen, die sich mühevoll über viele Jahre hochgearbeitet haben, nur damit sich kurz vor dem Ziel ein quereinsteigender Berater vor ihre Nase setzt.

Bei aller Kritik und aller Frustration über die anstrengende Zusammenarbeit wird die prinzipielle Sinnhaftigkeit von Beratern nicht in Zweifel gezogen. Und wenn es tatsächlich aus irgendeinem Umstand dazu kommen sollte, dass sämtliche Beratungsunternehmen über Nacht verschwinden würden – die Entscheider in den Unternehmen würden sich sehr schnell Ersatzberater beschaffen. Das war schon immer so.

Eine kleine Zeitreise von den historischen Wurzeln der Beratung bis hin zur Gegenwart erklärt einige der aktuellen Herausforderungen im Zusammenhang mit dem Einsatz von Beratern.

Berater und die Ritter der Tafelrunde

Beratung ist sicherlich eines der ältesten Gewerbe der Welt. Schon mit der Entstehung der ersten Organisationen – Militär, Kirche und Verwaltungen – haben sich die Mächtigen mit Beratern umgeben. Und genau wie heute gab es Experten, etwa für die Kriegsführung, aber auch Generalisten, die den Feldherren, Kirchenmännern und Königen in allen Fragen zur Seite standen. Ein Berater musste dabei kein bestimmtes Amt innehaben, um seine Funktion auszuüben. Berater waren Ärzte, Anwälte, Priester, Assistenten, Vormund, Fürsprecher, Mentoren, Freunde, Wohltäter oder auch Chauffeure. Oder, mit einer etwas negativeren Konnotation, auch Hintermänner, Drahtzieher, Dunkelmänner oder die graue Eminenz. Der beste Berater war wahrscheinlich der Hofnarr – der durfte als Einziger die Wahrheit sagen.

Auch damals schon war Beratung eine Partnerschaft auf Zeit. Die Berater haben in der Geschichte selten ein natürliches Ende gefunden. Viele haben Eigeninteressen entwickelt, wollten selber an die Macht, wurden korrupt oder wollten einfach den Anspruch ihrer Herren auf Einfluss und Privilegien auf sich übertragen.

Und ebenfalls kein Phänomen der Neuzeit sind die unterschiedlichen Motivationen der Mächtigen (heute: Klienten), sich Berater zur Seite zu stellen. Natürlich gab es diejenigen, die tatsächlich eine zusätzliche, unabhängige Meinung hören wollten oder eine spezielle Expertise brauchten. Aber es gab auch damals schon solche, die sich vor allem ihre eigene Meinung bestätigen lassen wollten. Die Unsicherheiten, mit denen auch die historischen Entscheider konfrontiert waren, wurden wie heute mit Beratern kompensiert. Oder mit „Buddies", zum Beispiel den Rittern der Tafelrunde.

Beratung als eigenständiger Wirtschaftszweig

Viele der großen, globalen Beratungsfirmen haben ihren Ursprung in den USA vor etwa hundert Jahren: Arthur D. Little (1886), Booz Allen Hamilton (geht zurück auf Edwin Booz, 1914) und McKinsey (1926). Nach Deutschland sind diese Unternehmen erst in den 60er Jahren oder sogar noch später gekommen. Allerdings gab es schon vorher Beratungsgesellschaften deutschen Ursprungs, zum Beispiel Kienbaum (1945). Auch der Bund Deutscher Unternehmensberater e.V. wurde 1954 gegründet, noch bevor die amerikanischen Unternehmen nach Europa expandierten.

Die thematischen Schwerpunkte dieser ersten Managementberatungen lagen in den Bereichen Technik, Technologie und Organisation. Als eine der ersten rein strategischen Managementberatungen gilt die Boston Consulting Group, gegründet von Bruce D. Henderson 1963 in Boston. Das erste deutsche Büro wurde 1975 in München eröffnet.

Viele der heute global präsenten Unternehmensberatungen sind übrigens Spin-offs der genannten Pioniere. Zu den bekanntesten gehört sicherlich Bain & Company, gegründet von Bill Bain, der 1973 die Boston Consulting Group verließ.

Den stärksten Boom verzeichnete die Branche in den 1990er Jahren, getrieben durch Themen wie E-Commerce, Globalisierung und den Jahrtausendwechsel. Danach ging es in einem etwa Dreijahreszyklus auf und ab: Platzen der Internetblase (2002–2004), steigende Nachfrage nach Strategien, Kosteneinsparungen und Innovationen (2005–2007), dann das Einsetzen der Finanzkrise 2008.

Insgesamt sprechen wir gemäß dem Bundesverband Deutscher Unternehmensberater e.V. über eine Branche, die 2008 Umsätze in Höhe von 18,2 Milliarden Euro verzeichnete und in der die Top-50-Unternehmen circa die Hälfte dieses Umsatzes generieren. 2008 waren in Deutschland etwa 86.000 Unternehmensberater in rund 13.600 Beratungsfirmen tätig. Je nach Definition der „Consultingbranche" erreicht die Zahl der Berater sogar 115.000. Im Hinblick auf die Beratungsfelder entfällt der Löwenanteil auf die Organisations- und Prozessberatung (44,4 Prozent), gefolgt von der Strategieberatung (23,7 Prozent), IT-Beratung (21,6 Prozent) und Human-Resources-Managmentberatung (10,3 Prozent).

Beratung als Disziplin in der Neuzeit

Wahrscheinlich muss man gar nicht bis ins Mittelalter zurückgehen, um die aktuelle Situation der Disziplin „Beratung" besser einordnen zu können. Auch wenn Beratung eine sehr alte Disziplin ist, so galt sie als offizielle Berufsbezeichnung noch vor 30 Jahren als exotisch. Es gab einfach noch nicht viele Berater. Und es waren im Wesentlichen ein paar kreative Querdenker, die sich dazu entschlossen hatten, mit einem „professionellen Infragestellen von bestehenden Zuständen" Geld zu verdienen. Sie kamen fast ausschließlich von renommierten, internationalen Business-Schulen.

Für die Entscheider in den Unternehmen hatte Beratung damals auch etwas Magisches: Man stellte einem unwissenden Berater (unwissend in Bezug auf das Spezifische der jeweiligen Situation) eine Frage, und er lieferte mir eine langfristige Strategie für mein Unternehmen. Toll. Einfach so. Man musste gar nichts tun. Da fing es schon an, dass eine gewisse Bequemlichkeit in Bezug auf die Führungsverantwortung Einzug hielt. Es gab eben schon damals deutlich mehr Führungskräfte als Führungspersönlichkeiten.

Nach den Erzählungen der „alten Berater-Hasen" wurden Projekte noch in den 80er Jahren – im Vergleich zu heute – relativ einfach vergeben. Fünf Minuten Smalltalk, dann die Frage des Klienten: „Was wissen Sie denn?", Antwort des Beraters: „Nichts, ich kann nur Strategie" – Auftrag erteilt. Zugegeben, diese Darstellung ist ein wenig überzogen. Aber im Vergleich zu heute war der Überzeugungsaufwand deutlich geringer.

Den heutigen Anspruch, den Klienten im Verlauf eines Projektes zu befähigen, die gleiche Fragestellung beim nächsten Mal selber zu bearbeiten, gab es früher nicht. Der Klient wurde damals kaum in die Projektarbeit einbezogen. Vom Berater, zumindest in der Königsdisziplin der Strategieberater, wurde auch eine Implementierung überhaupt nicht erwartet.

Seitdem hat sich einiges geändert. Zum einen gibt es heute viel mehr Berater, und zum anderen sind die Erwartungen der Klienten deutlich gestiegen. Der Rat muss heute tiefgehender sein. Er muss viel mehr Einflussfaktoren berücksichtigen. Er muss spezifischer auf die Fähigkeiten und Bedürfnisse des Klienten in seiner aktuellen Situation eingehen. Früher konnte man sich schon mit dem Thema „Informationsbeschaffung" als Berater profilieren. Heute sind viele relevante Informationen frei im Internet abrufbar. Es sitzen auch immer mehr Exberater in den Unternehmen, was der Disziplin „Beratung" auch die Magie nimmt. Und letztlich haben die Fähigkeiten der Unternehmen in Bezug auf typische Fragestellungen für Berater deutlich zugenommen.

Der Beratungsmarkt ist intransparent – und eine Änderung ist nicht in Sicht

Mit der steigenden Zahl der Berater hat auch die Intransparenz des Marktes zugenommen. Beratungen gibt es in allen Größen (von 1 bis >10.000 Mitarbeiter), Formen (von unabhängigen bis zu konzerninternen Beratungen, die ihre Dienstleistung auch extern anbieten), Beratungsansätzen (von Expertenberatern bis zu Prozessberatern), inhaltlichen Ausprägungen (nach Industrien oder Themen) und Unternehmenskulturen (von „nett" bis „hart"). Gleichzeitig verwässern die Positionierungen der großen Beratungen immer mehr. Die einen starten als Restrukturierer oder IT-Experten und drängen in die Strategie, während sich die Strategen mittlerweile auch als Restrukturierer positionieren. Bei den großen Beratungen gibt es kaum noch eine Industrie oder ein Thema, für die intern keine Kompetenz aufgebaut wurde.

Für die Klienten ist das eine echte Herausforderung. Wie soll man hier noch den „richtigen" Berater für seine Fragestellung identifizieren? Ist die Größe der Beratung ein Kriterium? Welcher Beratungsansatz wird gebraucht? Und in welcher Disziplin sollte der Berater eine Expertise mitbringen? Wird eine Beratung benötigt, die breit aufgestellt ist, oder eher ein Spezialist? Und wo kann man eigentlich nach Beratern suchen, die man noch nicht in seinem Adressbuch stehen hat? Stehen die in den Gelben Seiten? Da geht man vielleicht doch den einfachsten Weg und fragt wieder den Berater, der ja sowieso immer da ist.

Reguliert ist der Markt ebenfalls nicht. Es darf sich jeder Berater nennen. Und es gibt auch keine „Beraterkammer", die bei groben Verstößen gegen die Branchenethik Sanktionen erheben könnte. Eine Funktion, die natürlich eigentlich die Klienten übernehmen müssten oder zumindest könnten. Das passiert aber nur selten. Selbst wenn ein Berater ein unsinniges Konzept abgeliefert hat, ist er bestenfalls für eine kurze Zeit geächtet. Meistens passiert gar nichts. Der Klient hat ja auch kein Interesse daran zuzugeben, dass sein Projekt nichts gebracht hat.

Eine erfolgsabhängige Bezahlung könnte die Sanktionierung durch Klienten erleichtern. Allerdings ist die Branche zwiegespalten. Die wenigsten verschließen sich pauschal gegen einen variablen Anteil am Honorar. Aber ein reales Problem stellt die Messbarkeit des Erfolges beispielsweise bei langfristigen Strategieprojekten dar. Insbesondere, da die Berater viel zu wenige Möglichkeiten haben, die Implementierung lange genug direkt zu beeinflussen. Bequem ist aber natürlich auch die Grundlage von Beraterverträgen, bei denen lediglich ein „Bemühen" geschuldet wird, und nicht ein klar definiertes Produkt.

Bezüglich der Wachstumspläne ist interessant, dass die großen Beratungen ein durchschnittliches jährliches Wachstum von 15 Prozent als normal ansehen. Im Vergleich zu den Wachstumzahlen der Wirtschaft insgesamt verspricht das eine spannende Zukunft! Wenn man den Trends glauben darf, die Berater bei ihren Klienten propagieren, dann wird sich auch in der Beraterbranche vor allem die „Mitte" auf schwierige Zeiten einstellen müssen. Kleine Spezialberater wird es wohl immer geben. Und die Großen verfügen über so umfangreiche interne Ressourcen in Form von Knowhow, dass auch sie eine hohe Überlebenschance haben werden.

Die Medaille hat für die Klienten auch eine positive Seite: Sie profitieren von den ambitionierten Wachstumsplänen der Berater vor allem durch Preisverhandlungen und hohe Erwartungen an die Verfügbarkeit, Belastbarkeit und Flexibilität der Berater während der Projekte. Gerade in Krisenzeiten werden teils unglaubliche Zugeständnisse und Zusagen getätigt. Leider oft auf dem Rücken der Mitarbeiter und Berater der unteren Ebenen.

Die Wachstumsziele der Berater fallen aber auch nicht vom Himmel. Insgesamt wird die Welt der Wirtschaft immer schneller immer komplexer. Unternehmen werden globaler, stärker untereinander vernetzt, abhängiger von immer mehr Faktoren und positionieren sich immer weniger eindeutig. Es müssen immer mehr Entscheidungen gefällt werden, und zwar unter einem ständig wachsenden Zeitdruck. Die Zeiten, in denen ein Patriarch über 50 Jahre seines Lebens mit einem konstanten Stil und konstanter Strategie agieren konnte – ohne jemals in Frage gestellt zu werden –, sind längst vorbei. Da ist es kein Wunder, dass viele Manager phasenweise an den Rand der Überforderung gelangen.

Es gibt die Hypothese, dass die New York Times in einer Woche mehr Informationen publiziert, als ein Mensch im 18. Jahrhundert Zeit seines Lebens erhalten hat. Daneben gibt es zahlreiche Indizien, sogar Beweise für die

Beschleunigung von Innovationsprozessen. Das Radio hat 38 Jahre gebraucht, um eine Hörerschaft von 50 Millionen zu erreichen. Beim Fernsehen waren es noch 13 Jahre, beim Internet 4 Jahre, der iPod brauchte 3 Jahre und bei Facebook waren es nur noch 2 Jahre. 2008 wurden mehr einzigartige Informationen generiert als in den vergangenen 5.000 Jahren (Quelle: „Did you know", Youtube; Karl Fisch, Scott McLeod, Jeff Bronman).

Daraus lässt sich durchaus, stark pauschalisiert, ein steigender Bedarf an Beratung ableiten. In den USA gilt das „Um-Hilfe-fragen-Können" sogar als neue Führungskompetenz (Barbara Kellermann, Harvard University). Zumindest in großen Unternehmen wird es immer schwieriger, ohne verschiedene Ratgeber – interne wie externe – erfolgreich zu agieren.

Gut für die Berater ist in diesem Zusammenhang, dass sich ein wesentlicher Erfolgsfaktor noch nie geändert hat:

> „Wichtig ist und bleibt, dass der Klient das Gefühl haben muss,
> dass Du ihm helfen kannst."
>
> (Senior-Partner, Strategieberatung)

Zwischenfazit

Beratung ist nicht überflüssig, schwankt aber in der Wahrnehmung immer noch zwischen notwendigem Übel und wertschaffender Dienstleistung.

Viele komplexe oder zeitkritische Projekte sind heute kaum noch ohne externe Unterstützung durchführbar (z.B. große Restrukturierungen, Post-Merger-Integrationen, Due-Dilligence-Prozesse oder von überdurchschnittlich hohen Unsicherheiten betroffene, strategische Entscheidungen). Die Entscheider in den Unternehmen sind auch in der überwiegenden Mehrheit „berateraffin". Und sie setzen Berater immer wieder und aus den unterschiedlichsten Beweggründen heraus ein.

Viele Projekte laufen ideal, das heißt, der Klient hat sein bestehendes Problem durch den Beratereinsatz in vollem Umfang lösen können. Sozusagen ein „Blockbuster". Auf der anderen Seite bleiben sicherlich einige Projekte auch ohne jede nachhaltige Wirkung. Die kann man durchaus als „Tragödien" bezeichnen. Die größte Gruppe an Projekten zwischen diesen Extremen werden „in time and budget" abgeschlossen, bringen aber im

Nachhinein nicht genau den von beiden Seiten erwünschten Erfolg. Es bleibt ein Teil auf der Strecke. Und der Prozess, um „in time and budget" fertig zu werden, ist oft nicht so effizient, wie er sein könnte.

Beratung ist ein Bestreben um Wirksamkeit und Effizienz von Projekten

Dieses Buch unternimmt den Versuch, aus den „Blockbustern" zu lernen, um „Tragödien" von vornherein zu vermeiden und um die Projekte zwischen diesen Extremen zu „Blockbustern" zu machen.

Zunächst eine kurze Definition der Begriffe „Wirksamkeit" und „Effizienz".

Wirksamkeit

Die Wirksamkeit eines Projektes misst sich an drei Kriterien:

- Alle konzipierten Maßnahmen konnten sinnvoll und im Wesentlichen umgesetzt werden.
- Die Maßnahmen steigern die operative Leistungsfähigkeit der Organisation (kurzfristiger Fokus).
- Die Maßnahmen sichern die Zukunftsfähigkeit der Organisation beziehungsweise schwächen sie zumindest nicht (langfristiger Fokus).

Bei vielen Projekten gibt es noch ein viertes Kriterium: Der Effekt der Maßnahmen ist in der „Bottom Line" messbar – und zwar nachhaltig.

Effizienz

Unter Effizienz ist in diesem Zusammenhang – neben der technischen Betrachtung „die Wirkung wurde mit verhältnismäßig geringem Aufwand und Investment erzielt" – auch schlichtweg ein schmerzfreier Prozess zu verstehen. Das bedeutet, dass es allen Beteiligten im Idealfall sogar Spaß gemacht hat, dieses Projekt gemeinsam zu bearbeiten.

Kernfrage

Wie kommt man zu einem wirksamen und effizienten Projekt?

Für einen Klienten stellt sich die Frage, wie und für welche Themen er einen Berater so einsetzt, dass sein Problem wirksam und effizient gelöst wird, und welche Verantwortung er während des Projektes selber wahrnehmen muss. Entsprechend stellt sich ein Berater die Frage, wie und was er genau dazu beitragen kann und muss, damit ein Projekt wirksam und effizient wird.

Zusammenfassende Antwort

Klienten und Berater können und müssen beide und in jeder Phase eines Projektes dazu beitragen, dass der Einsatz der Beratungsunterstützung wirksam und effizient wird.

Das kann mit sechs Hebeln erreicht werden:

1. Eine bewusste Auswahl, Gestaltung und richtige Besetzung von Projekten

   - Es sollten von vornherein nur Projekte initiiert werden, die ein klar formuliertes und realistisch erreichbares Ziel verfolgen. Dabei sollten Berater nur dort eingesetzt werden, wo ihr fokussierter Einsatz im Vergleich zur internen Lösung des Problems tatsächlich Wert schafft.

2. Die Einbringung aller relevanten Fähigkeiten und der richtigen Einstellung

   - Entsprechend ihrer Rolle im Projekt müssen Klienten wie Berater über jeweils spezifische methodische, fachliche und persönliche Kompetenzen verfügen. Allen Beteiligten sollte es ein ernsthaftes Anliegen sein, das Problem des Klienten gemeinsam und im Sinne des Auftraggebers zu lösen.

3. Eine wertschätzende Haltung dem anderen gegenüber

   - Die Beziehung zwischen Klienten und Beratern sollte nicht durch Vorurteile und persönliche Befindlichkeiten belastet werden. Ein wohlwollendes Verständnis für die Motivationen des anderen ist die Grundlage einer konstruktiven Zusammenarbeit.

4. Einen verbindlichen Stil im Umgang miteinander

   - Die konkreten Verhaltensweisen sollten nicht auf Abgrenzung und Positionierung abzielen, sondern auf effektive Interaktionen.

5. Die Wahrnehmung der jeweiligen operativen Verantwortung im Projekt

- Die Verantwortung für die Wirksamkeit und Effizienz eines Projekts liegt nicht beim Berater alleine. Weder sollte sich dieser in den Driver Seat drängen, noch sollte der Klient versuchen, sich aus seiner Verantwortung zu stehlen.

6. Die Durchführung wirklich jeder Phase eines idealtypischen Projekts

- Jedes Projekt braucht eine angemessen umfangreiche Klärungs- und Vorbereitungsphase, genau wie einen expliziten Abschluss – auch wenn dies im Alltag oft nicht üblich zu sein scheint.

I

Eine effektive Konstellation

1 Den passenden Berater an der richtigen Stelle einsetzen

Oder: Den „eierlegenden Wollmilchsau-Berater" gibt es ebenso wenig wie das „universell wertschaffende Beratungsprojekt"

Auch wenn sich die Überschrift dieses Kapitels als Appell scheinbar nur an den Klienten richtet, so liegt die Verantwortung für die Auswahl eines sinnvollen Einsatzes in einem ebenso sinnvollen Projekt gleichermaßen auch auf Seiten des Beraters.

In der Überschrift kommen drei Aspekte zum Ausdruck.

1. Jeder Berater verfügt über spezifisch ausgeprägte Fähigkeiten und Erfahrungen (bzw. kein Berater kann wirklich alles) und sollte ...
2. ... so eingesetzt werden, dass diese wertschaffend zum Tragen kommen (bzw. der Berater nicht nur mit Slide-Schreiben beschäftigt wird), und zwar ...
3. ... in einem Projekt, in dem es prinzipiell sinnvoll ist, sich von Beratern unterstützen zu lassen.

1.1 Eine sinnvolle Unterstützung durch Berater

Fangen wir in der Ausführung der Überlegungen ausnahmsweise hinten an. Bei welcher Art von Projekt sollte man sich eigentlich von Beratern unterstützen lassen?

Die Antworten der Klienten in den Interviews weichen hier extrem voneinander ab. Die einen stehen auf dem Standpunkt, dass die eigene Organisation sich selbst ihren Problemen stellen sollte und Berater nur in sehr spezifisch determinierten Ausnahmen zielgerichtet eingesetzt werden sollten. Die anderen holen gerne in allen möglichen Fragestellungen den Rat externer Experten ein, um die eigenen Entscheidungen in Bezug auf die Unsicherheit der Zukunft auf möglichst solide Beine zu stellen.

Ein Vorstand eines Energiekonzerns, selber Vertreter der „ersten Fraktion", meint hierzu: „Entscheidungen können am Ende eines Beratereinsatzes gar nicht mehr unabhängig getroffen werden. Ich bin ja schon beeinflusst. Es ist mein Job als Vorstand, mit Unsicherheit umzugehen, das kann ich doch nicht delegieren. Wenn ich wirklich unabhängig entscheiden will, mache ich mich auch unabhängig und frage keinen anderen. Das tue ich nur, wenn ein Thema nicht in meinem Scope liegt und ich einen Experten brauche, den ich in der eigenen Organisation nicht habe und auch nicht kurzfristig entwickeln kann."

Vertreter der „anderen Fraktion" beurteilen den Einsatz von Beratern gelassener. Der Tenor lautet eher: „Es kann doch nicht schaden, eine zweite Meinung zu einem wichtigen Thema einzuholen. Vielleicht haben wir ja einen blinden Flecken oder einfach etwas übersehen?"

Ein Senior-Partner einer großen Beratung teilt diese Einschätzung: „Bei allen zukunftsorientierten Fragen haben wir es mit einem Mangel an Informationen zu tun. Die Zukunft birgt nun einmal Ungewissheit. Je mehr Informationen vorhanden sind, desto fundierter kann man als Klient seine Entscheidung treffen. Und bei manchen Entscheidungen geht es schlichtweg um das Überleben des Unternehmens. Da kann es sogar sinnvoll sein, zwei Berater unabhängig voneinander zu befragen. Die Voraussetzung ist dabei nur ein offener Diskurs. Also eine völlige Offenheit auf Seiten des Klienten, zu einem ‚höheren Erkenntnisstand' zu kommen."

> Die eigentliche Motivation eines Klienten, einen Berater einzusetzen, ist von außen – oft auch für die Berater – schwer zu beurteilen.

Die individuelle Motivation von Klienten, sich Berater zur Seite zu stellen, ist offensichtlich mannigfaltig. Sie reicht von fachlichen über betriebswirtschaftliche bis zu rein persönlichen Erwägungen. Sie ist manchmal nachvollziehbar, manchmal nicht. Die Einsätze sind manchmal notwendig, manchmal von vornherein völlig unsinnig. Nur eines haben alle Motivationen gemein: Sie sind von außen schwer zu beurteilen. Und die wahre Motivation kennen häufig nur die Auftraggeber auf Klientenseite.

Übereinstimmung gibt es in allen Fraktionen dahingehend, dass Klienten oft viel zu wenig darüber nachdenken, ob sie das Problem nicht auch selber lösen könnten. Es ist schlichtweg bequem, einen Berater um Unterstützung zu bitten, vor allem, wenn Geld in der aktuellen Situation „keine Rolle spielt". Sie lesen hoffentlich zwischen den letzten Zeilen eine deutliche Kritik!

Goldene Regel Nummer 1 (Klienten)

Setze Berater nur in Projekten ein, bei denen ein akutes und relevantes Problem zum gegebenen Zeitpunkt intern nicht gelöst werden kann und der Einsatz von Beratern sinnvoll ist.

Bevor wir näher auf typische Einsätze von Beratern eingehen, ist es sinnvoll, über die möglichen Beurteilungskriterien zu sprechen, wann eine Unterstützung durch Berater gerechtfertigt ist. Die folgenden vier Begriffe tauchen dabei immer wieder auf:

- *Wertschaffend:* Das Ergebnis wird mit dem Berater besser, als wenn es der Klient alleine erarbeitet hätte – egal in welcher Dimension.

- *Wirksam:* Der finanzielle Vorteil durch den Beratereinsatz entspricht einem Vielfachen der entsprechenden Kosten.

- *Akzeptiert:* Die Motivation für den Beratereinsatz ist für alle Beteiligten nachvollziehbar und wird von allen unterstützt, da die Leistung intern nicht erbracht werden kann.

- *Legitim:* Der Einsatz ist unter Einbeziehung aller ethischen Gesichtspunkte gerechtfertigt. Er steht zum Beispiel nicht im Konflikt mit den übergeordneten Zielen oder Leitlinien des Unternehmens.

Diese Kriterien sind breit interpretierbar und nicht überschneidungsfrei, sie betrachten nur aus unterschiedlichen Blickwinkeln die Rechtfertigung von Beratereinsätzen. Meiner Meinung nach sollte allerdings nicht nur ein Kriterium zur Rechtfertigung herangezogen werden, sondern immer alle. Das wäre ein Anspruch, der so manches wirkungslose Projekt gar nicht erst auf den Weg bringen würde.

Der Einfachheit halber fassen wir in diesem Kapitel diese vier Begriffe mit dem Wort „sinnvoll" zusammen. Gemeint ist dabei aber explizit die inhaltliche Gesamtheit der vier Kriterien!

Bleibt noch die Frage, wer denn eigentlich über die „Sinnhaftigkeit" eines Projektes entscheidet. Es gibt ja keine unabhängige Schiedsstelle. Die Frage wird letztlich von dem Auftraggeber auf Klientenseite und dem Partner der Beratungsfirma beantwortet, häufig natürlich unter Einbeziehung relevanter Mitarbeiter. Grundsätzlich sollte das Gegenseitigkeitsprinzip gelten: Der Partner der Beratung sollte den Beratungsauftrag sorgfältig auf die Sinnhaftigkeit überprüfen. Und andersherum sollte der Klient mögliche Projektideen, die vom Berater zur Diskussion gestellt werden, auf deren Sinnhaftigkeit überprüfen. Genauso grundsätzlich sollte aber auch jedes Mitglied des Projektteams die Erlaubnis erhalten, zumindest zu Beginn des Projektes die Frage nach der Sinnhaftigkeit zu stellen.

Natürlich steckt diese Phase der Projektauswahl voller Verführungen für alle Beteiligten. Stellen Sie sich vor, Ihnen bietet ein Klient 500.000 Euro für ein Projekt, an dessen Sinnhaftigkeit Sie nicht hundertprozentig glauben. Es gelingt Ihnen aber nicht, den Klienten von Ihren Zweifeln zu überzeugen. Das heißt, wenn Sie die 500.000 Euro nicht nehmen, bekommt sie die Konkurrenz. Was tun Sie? Der Klient wird Ihnen ja nie vorwerfen, dass Sie das Geld genommen haben – es war ja seine Idee. Die Ethik des Beraters sagt: „Nein, liegenlassen", der Unternehmer im Berater sagt: „Ja, nehmen". Das soll weder verurteilt noch entschuldigt werden. Aber wo ist die Grenze des menschlich nachvollziehbaren Handelns? Es ist letztlich eine Frage der „Größe" und der Unabhängigkeit des Beraters, seine persönlichen Interessen den Werten seines Arbeitgebers unterzuordnen und das Geld der Konkurrenz zu überlassen.

Ein klares Limit für den Einsatz von Beratern existiert insbesondere dort, wo ein Berater einen Projektvorschlag einbringt, der vom Klienten nicht ausreichend auf seine „Sinnhaftigkeit" hin überprüft wird. In diesen Fällen übergibt der Klient dem Berater quasi einen Teil seiner unternehmerischen Führung und Verantwortung, und das widerspricht dem grundlegenden Rollenverständnis eines Beraters. Daneben bietet es auch den vielzitierten Manipulationsvorwürfen gegenüber Beratern den notwendigen Nährboden. Natürlich ist es verwerflich, wenn ein Berater bewusst versucht, den Klienten aus Umsatzinteressen heraus zu manipulieren. Aber es liegt eben auch in der Verantwortung des Klienten, dies nicht zuzulassen.

Grundlegend lassen sich vier Arten von Beratungsprojekten unterscheiden:

1. Projekte, in denen spezifisches oder innovatives Know-how gebraucht wird.
2. Projekte, in denen eine Ressourcenknappheit ausgeglichen wird („Bodyleasing").
3. Projekte, die auf Neutralität und eine externe Legitimation abzielen.
4. Projekte, die auf eine Moderation oder sogar Mediation abzielen.

Keine dieser vier Arten ist per se sinnvoll oder nicht, sondern es ist eine Frage der Ausgestaltung. In dem ersten Fall des „Know-how-Projektes" ist es ratsam, sich als Klient eine Expertise einzukaufen, die im Unternehmen tatsächlich nicht vorhanden und auch kurzfristig nicht zu entwickeln ist. In diese Kategorie fallen viele Beratungsprojekte. Der Klient muss ja immer einschätzen, ob es sinnvoller ist, die Expertise intern vorzuhalten oder sie extern zuzukaufen. Und bei Fragestellungen, die nicht regelmäßig bearbeitet werden (z.B. Post-Merger-Integrationen, Due Dilligences, viele Strategien oder komplexe Sachverhalte), fällt die Wahl meistens auf den externen Zukauf. Nicht sinnvoll ist es, wenn die Expertise eigentlich im Unternehmen vorhanden ist und der Auftraggeber eher aus Bequemlichkeit auf den Berater zurückgreift. Auch der Berater sollte bei Auswahl derartiger Einsätze darauf achten, dass er tatsächlich über eine Expertise verfügt, die für den Klienten Wert schafft.

Bei den „Bodyleasing"-Projekten hängt die Sinnhaftigkeit eher vom Preispunkt des Beraters ab. Natürlich ist es legitim, sich Ressourcen flexibel zuzukaufen – wieder vor dem Hintergrund ökonomischer Überlegungen. Hier geht es eher um Projekte, die zeitkritisch sind oder bei denen Belastungsspitzen abgefangen werden müssen. Nicht sinnvoll ist es, für die Abarbeitung einfacher Aufgaben, die keine besondere Expertise erfordern, eine

Top-Strategieberatung für mehrere 1.000 Euro Tageshonorar auszuwählen. Nur, weil sie vielleicht sowieso gerade im Haus unterwegs ist. Und auch wenn man als Top-Berater versucht ist, solche Projekte aus Auslastungsgründen doch anzunehmen, sollte man nicht unterschätzen, dass diese einfachen Aufgaben für die Berater oft wenig motivierend sind und man sich auf diese Weise interne Probleme schafft. Eine Falle, die sich insbesondere bei den Beratungen mit ambitionierten Wachstumszielen stellt. Und die Ausrede „wenn es der Klient doch zahlt" ist zwar unternehmerisch kurzfristig nachvollziehbar, aber weder ethisch noch langfristig imagefördernd. Und sie widerspricht dem oben zitierten Anspruch, dass neben den ethischen Gesichtspunkten eben auch die Kriterien wertschaffend, wirksam und akzeptiert erfüllt sein sollten.

Die dritte Art von Projekten, die sogenannten Legitimierungsprojekte, sind sicherlich am umstrittensten. Sie werden häufig zu schnell in die „Alibi-Projekt"-Schublade gesteckt. Letztere sind in der Tat wenig sinnvoll. Ganz dumm wird es, wenn der neutrale Berater zu einem anderen Ergebnis kommt. Wenn die Antwort auf eine Frage schon klar oder eine Entscheidung bereits getroffen ist, dann sollte die verantwortliche Führungskraft auch Rückgrat genug beweisen, diese Entscheidung durchzusetzen. Wenn man den Berater nur holt, um sich selber aus der Schusslinie zu nehmen, ist das feige. Wenn es auf der anderen Seite tatsächlich darum geht, eine getroffene Entscheidung noch einmal von einer neutralen Stelle hinterfragen zu lassen, kann es allerdings durchaus sinnvoll sein. Der Unterschied liegt in der Ergebnisoffenheit des Klienten.

Bei der vierten Art von Projekten wird der Berater eingesetzt, um interne Unstimmigkeiten oder Prioritäten aufzulösen. Sofern es „lediglich" um inhaltliche Unstimmigkeiten zwischen den Vorständen geht, sollte man eigentlich erwarten können, dass diese sie selber lösen – kein sinnvolles Projekt. Wenn es um persönliche Unstimmigkeiten geht, kann eine externe Unterstützung sinnvoll sein. Man sollte sich nur fragen, ob eine Top-Managementberatung dann der beste Ansprechpartner ist. Und natürlich kann ein Einsatz von Beratern überall dort ratsam sein, wo es aufgrund fehlender Fakten, also eher aus unterschiedlichen Intuitionen und Glaubenssätzen heraus, zu Unstimmigkeiten kommt.

Die eigentliche Aufgabe von Beratern ist zu beraten, und nicht, operative Verantwortung zu übernehmen.

Neben diesen vier Arten von Beratungseinsätzen wird auch immer wieder mal von Beispielen erzählt, in denen Berater operative, sogar unternehmerische Verantwortung übernommen haben. Grundsätzlich ist dies ein Tabu! Was man aus den positiven Beispielen – „Klient ist handlungsunfähig, Berater übernimmt Teile der operativen Verantwortung, Klient wird gerettet" – lernen kann und muss: Bei diesen Einsätzen muss die Rolle des Beraters explizit geklärt sein, er ist nämlich dann kein Berater, sondern Manager. Zweitens müssen diese Einsätze zeitlich klar begrenzt sein. Und drittens muss sichergestellt werden, dass der Klient am Ende der Unterstützung wieder selbständig überlebensfähig ist. Aber wie gesagt, diese Beispiele sollten überhaupt nicht als „Beratungsprojekt" gewertet werden.

Neben diesen grundlegenden Überlegungen hinsichtlich der Logik eines Beratereinsatzes gibt es noch Erfahrungen, die zur Beurteilung der Sinnhaftigkeit eines jeden spezifischen Projektes dienen können. Ich formuliere diese Erfahrungen bewusst provozierend in einer absoluten Form:

- Verordnete Projekte haben noch nie funktioniert! Der Projektleiter und das Projektteam müssen selber von der Sinnhaftigkeit des Projektes und des Beratereinsatzes überzeugt sein.
- In Zeiten akuter Überlastung einer Organisation haben Projekte noch nie funktioniert! Die Organisation verkraftet den zusätzlichen Aufwand nicht.
- Veränderungen gegen den Widerstand der Organisation durchzusetzen hat noch nie funktioniert.
- Veränderungen ohne akuten, für jeden Mitarbeiter spürbaren Leidensdruck haben noch nie funktioniert.

Diese Liste ist sicher nicht vollständig. Aber vielleicht regt sie ja zu einer konstruktiven Diskussion über die Sinnhaftigkeit des gerade geplanten Projektes an – angereichert mit den persönlichen Erfahrungen der Beteiligten. Und vielleicht wird das eine oder andere Projekt danach erst gar nicht oder zu einem anderen Zeitpunkt gestartet.

Man kann sich gut vorstellen, dass sich bei dem einen oder anderen Leser an dieser Stelle der Widerstand regt. Kann man die Sinnhaftigkeit eines Projektes wirklich ausschließlich in Schwarz oder Weiß sehen, also in sinnhaft oder nicht sinnhaft einteilen? In diesem Widerstand zeigt sich einerseits der Wunsch beider Seiten, nur sinnvolle Projekte durchzuführen. Andererseits zeigt sich darin aber auch die hohe Kunst des Schönredens.

Wie oft haben Sie schon von einem Auftraggeber oder einem Berater offiziell gehört, dass ein Projekt ein Misserfolg oder, noch schlimmer, per se sinnlos war?

Machen wir doch einen kleinen Test. Wenn Sie sich als Klient oder Berater fragen, wie sinnvoll Ihr Projekt gerade ist, fragen Sie Ihr Gewissen: Wenn auf dem schwarzen Brett in der Kantine für jeden Mitarbeiter sichtbar steht, wie viel Geld Sie als Auftraggeber für die Bearbeitung Ihres Problems durch externe Berater ausgeben und wie viel Sie als einzelner Berater am Tag als Honorar kassieren – wie gut oder schlecht ist dann Ihr Gewissen? Zugegeben, ein gemeiner Test, der sicherlich auch einige „Gewissens-Dimensionen" ignoriert, aber er ist ungemein wirkungsvoll.

1.2 Ein fokussierter Einsatz von Beratern

Dieser Aspekt ist eigentlich ebenso banal wie wichtig. Wenn der Klient den Einsatz des Beraters nach den eben genannten Kriterien für sinnvoll erachtet, dann hat er sich sein konkretes Defizit klargemacht, welches der Berater ausgleichen sollte. Idealerweise setzt er den Berater auch nur für diesen Ausgleich ein und komplementiert das Beraterteam entsprechend durch interne Ressourcen.

Zusätzlich achtet er darauf, dass der Berater seine Zeit nicht mit wenig wertschaffenden Nebenthemen oder Aktivitäten verbringt. Nur ein Beispiel an dieser Stelle: Viele der wichtigsten inhaltlichen Diskussionen könnte man auch ohne ein einziges Slide führen.

Slides

Wichtigstes Kommunikationsmedium eines Beraters. Wird gerne in „Dicke der Präsentation in cm" gemessen. Der gemeine Berater investiert mit Vorliebe Zeit in die Erstellung und vor allem die Überarbeitung von Slides, was leider häufig zum Zeitmangel in Bezug auf die Kommunikation der Inhalte nach der Fertigstellung führt. Zu seiner Entschuldigung sei angemerkt, dass viele Klienten diesen Trend mittlerweile nur allzu gerne unterstützen.

In der Realität, darin sind sich eigentlich alle Beteiligten einig, wird über die Rolle und die spezifische Ausgestaltung der Aufgaben zu wenig nachgedacht und zu wenig gesprochen. Wenn die Berater erst einmal im Haus sind, ist es ungeheuer bequem für den Klienten, seine Themen und Fragen einfach mal abzuladen oder die Berater auch einfach mal laufen zu lassen. Da lässt es sich kaum mehr vermeiden, dass die Berater auch Aufgaben übernehmen, die der Klient genauso gut mit eigenen Ressourcen hätte erledigen können. Die Mitarbeiter des Klienten teilen sich in zwei Lager: Die einen finden es gut, dass die Berater ihnen die Arbeit abnehmen, und laden sogar selber gerne noch einen Packen auf deren Tisch, die anderen frustriert es, dass Externe für viel Geld eingekauft werden, um an spannenden Themen zu arbeiten, die man auch gerne selber gestaltet hätte. Der Berater, der sich am liebsten nur auf sich selber verlässt, versucht natürlich auch, seine Leistung weitgehend unabhängig vom Klienten zu erbringen, zumindest da, wo der Input oder die Abstimmung nicht unbedingt notwendig sind. Daher hat er in der Regel auch kein Problem damit, Aufgaben zu erledigen, die der Klient eigentlich auch selber hätte erledigen können. Aber mit dieser Verführung sollte er sehr bewusst umgehen.

Goldene Regel Nummer 2 (Berater)

Gestalte Deine Rolle im Projekt basierend auf einem hohen Anspruch hinsichtlich Deiner Wertschaffung.

> „Das größte Problem von Beratern ist, die fangen gleich an zu arbeiten. Dabei sollten sie erst einmal die Strukturen schaffen, in denen die Organisation selber arbeiten kann."
>
> (Vorstand, Energiekonzern)

> „Der Berater ist Experte und Generalunternehmer, der die einzelnen Gewerke organisiert. Er ist nie der Entscheider – sondern hilft immer nur, Entscheidungen zu begründen."
>
> (Vorstand, Versicherungskonzern)

> Ein Ziel von Beratereinsätzen sollte immer sein, die Organisation selbständiger und fähiger zu hinterlassen. Der Berater sollte folglich bereit sein, sich selber überflüssig zu machen.

Grundsätzlich sehen die meisten Klienten eine wichtige Aufgabe der Berater darin, die Organisation beim Lernen zu unterstützen und zu ermöglichen, dass diese ihre Probleme selbst löst. Das ist für die meisten auch der Schlüssel zum kritischen Thema „Buy in" der Organisation. Damit verbunden ist auch – neben dem eigentlichen inhaltlichen Ziel des Projektes – die Idee, dass die Organisation eine ähnliche Frage beim nächsten Mal selber ohne Unterstützung bearbeiten kann. Es gibt zahlreiche Beispiele von großen Konzernen, die mittlerweile interne Abteilungen für spezielle Themen aufgebaut haben, zum Beispiel für die Begleitung von Post-Merger-Integrationen. Das war lange Zeit eine exklusive Rolle der externen Berater.

Lassen Sie uns noch etwas spezifischer betrachten, was die speziellen Fähigkeiten der Berater sind, mit denen der Klient die verschiedenen Defizite ausgleichen kann. Und für welche Aufgaben beziehungsweise Rollen ein Berater nicht eingesetzt werden sollte. Die folgenden Punkte wurden in den Gesprächen mit diversen Klienten und Beratern auf den unterschiedlichsten Hierarchiestufen gesammelt.

Berater sind besonders gut darin,

- komplexe und umfangreiche Aufgaben zu strukturieren (17 Teams, 250 Mitarbeiter, 13 Länder, 15 Maßnahmen),
- Projekte konsequent und mit hoher Qualität zu managen,
- schnell zu verstehen und schnell zu arbeiten,
- zielführend zu analysieren,
- komplizierte Sachverhalte einfach darzustellen,
- Wissen aus anderen Industrien und Funktionen zu transferieren und andere Perspektiven einzunehmen, zum Beispiel von Kunden und Lieferanten,
- Treiber und Mechanismen zu identifizieren und
- Veränderungsbedarf aufzuzeigen, diesen zu planen und anzustoßen.

Ein Klient aus der Logistikbranche gab als Antwort auf diese Frage: „Rechnungen schreiben" – das aber nur mit einem Augenzwinkern.

Im folgenden Kapitel gibt es eine ähnliche Liste der gleichen Interviewpartner, in der sie einen guten Berater definieren und beschreiben. Zwischen den beiden Listen existiert ein Delta. Die hier genannten Kompetenzen werden von den meisten Beratern mitgebracht. Aber die Anforderungen an „den besten Berater" sind höher.

Zunächst aber noch zu der Frage nach den Grenzen: Berater sollten auf keinen Fall eingesetzt werden, um

- das eigene Nachdenken und die Meinungsbildung des Klienten zu ersetzen,
- eine fehlende interne Kommunikation zu überbrücken,
- operatives Tagesgeschäft zu übernehmen (außer kurzfristig in Krisensituationen und mit geklärter Rolle – siehe oben),
- interne Konflikte des Klienten zu überbrücken, weil dieser nicht zu einer Lösung bereit ist,
- für die persönlichen Interessen des Klienten instrumentalisiert zu werden,
- Konzepte ohne Betrachtung der Realisierungswahrscheinlichkeit zu erstellen,
- Strukturen und Abläufe zu optimieren, die sie nicht gut genug kennen – ohne dass sich der Klient ausreichend einbringt, und
- ewig lange Präsentationen, Umsetzungspläne und Handbücher zu erstellen.

Natürlich ist der Einsatz des Beraters in normalen Projekten nicht derart scharf abzugrenzen. In jedem Projekt gibt es Aufgaben, die mehr oder weniger direkt Wert schaffen und trotzdem erledigt werden müssen. Grundsätzlich aber gilt: Je fokussierter der Berater eingesetzt wird (bzw. je besser der Berater seine Rolle im Projekt klärt), desto wirksamer, effizienter und motivierender wird die Zusammenarbeit und das Ergebnis.

Vielleicht wundern Sie sich, dass dieser Abschnitt über den sinnvollen Einsatz von Beratern noch vor dem Abschnitt über die Auswahl des richtigen Beraters kommt. In einem idealen Ablauf macht sich der Klient sehr genaue Gedanken zu der Gestaltung des Einsatzes – und zwar bevor er vom Berater beeinflusst wird. Nur dann kann er auch entscheiden, welchen Berater er am besten einsetzt. Natürlich wird er das genaue Aufgaben- und Verantwortungsspektrum mit dem Berater abstimmen, aber nicht, bevor er sich seine eigenen Gedanken dazu gemacht hat.

1.3 Die Auswahl des richtigen Beraters

Es liegt natürlich im Interesse des Klienten, den richtigen Berater für jede spezifische Fragestellung zu finden. Das Problem ist die hohe Intransparenz des Marktes. Es gibt zwar mittlerweile Orientierungshilfen in Form von neutralen Studien, die auf umfangreichen Befragungen von Top-Managern basieren, aber auch die helfen nur bedingt bei sehr spezifischen Fragestellungen. Zumal diese Studien auch wichtige Kriterien kaum abbilden können, zum Beispiel die „Chemie" zwischen Klienten und Beratern, die schlichtweg eine individuelle Entscheidung ist. Gerade Klienten, die bislang wenig oder gar keinen Kontakt mit Beratern hatten, tun sich schwer bei der Wahl ihres Beraters.

Goldene Regel Nummer 2 (Klienten)

Suche immer den besten Berater für Deinen spezifischen Anlass.

Natürlich gibt es Beratungsunternehmen, die ein wirklich breites Spektrum an fachlichen, methodischen und persönlichen Kompetenzen abdecken. Es handelt sich um Berater, die man in vielen Industrien, für viele Fragestellungen und bei vielen Klienten-Typen einsetzen kann. Aber es gibt keinen, der in allen Belangen der „richtige" Berater im Sinne des „besten" ist.

Grundsätzlich sollte sich der Klient über vier Kriterien Gedanken machen:

1. Welchen Beratungsansatz brauche ich?
2. Welche inhaltliche Disziplin beziehungsweise funktionale Kompetenz brauche ich?
3. Welche Industrie-Expertise brauche ich?
4. Welche Beratungskultur passt am besten?

Auf die vier Kriterien wird im Folgenden ausführlich eingegangen.

Welcher Beratungsansatz wird gebraucht?

Wir sind bisher davon ausgegangen, dass der Klient sein Problem und dessen Ursachen selber richtig diagnostiziert und eine klare Vorstellung davon hat, welche Lösung er braucht. Zumindest, welche Art von Lösung. Die Aufträge lauten dann typischerweise: Entwicklung einer Strategie, Optimierung eines Prozesses, Anpassung der Strukturen, Einführung eines neuen Preissystems, Reduzierung der Kosten und so weiter. Diese Art von Projekten wird dann idealerweise von einem „Experten" durchgeführt. Wichtig ist, dass der Klient das Spezialistentum des Beraters richtig einschätzen kann.

Natürlich kann es immer wieder vorkommen, dass sich im Laufe des Projektes zeigt, dass die Diagnose des Klienten nicht ausreichend oder nicht völlig zutreffend war. Aber die grobe Stoßrichtung beziehungsweise das ursprüngliche Ziel wird bei diesen Einsätzen in der Regel nicht mehr geändert.

Als Experten zählen neben den meisten Unternehmensberatern natürlich unter anderem auch Juristen, Steuerberater, Wirtschaftsprüfer oder Investmentbanken.

Es kommt aber auch vor, dass der Klient zwar an einem Problem „leidet", aber die Ursachen und mögliche Lösungsansätze nicht kennt. Ähnlich wie bei den meisten Patienten, wenn sie zu ihrem Arzt gehen. In diesem Fall braucht der Klient einen Berater, der die Verantwortung für eine richtige Diagnose des Problems und die Wahl einer angemessenen Lösung übernimmt. Wichtig ist dabei, dass der Klient den Diagnoseprozess selbst für wichtig erachtet und dafür sorgt, dass seine Organisation bei diesem Prozess kooperiert und nicht manipuliert. Und er braucht eine Menge Vertrauen in den Berater, dass der gewählte Lösungsansatz nicht nur zufällig in dessen Kernkompetenz fällt. Gemäß dem Motto: „Wer nur den Hammer kennt, für den ist jedes Problem ein Nagel." Rein praktisch sollte der Diagnoseprozess eine eigene Projektphase darstellen, mit der Option, für die Lösung auch einen anderen Berater auszuwählen. Dann kommt wieder ein „Expertenberater" ins Spiel.

Typische Projektaufträge sind hier eher problembezogen. Zum Beispiel: „Unser Umsatz ist um 20 Prozent zurückgegangen, was sollen wir tun?", „Wir verlieren Marktanteil, wie können wir uns besser aufstellen?"

Die meisten Unternehmensberater decken auch diesen Beratungsansatz ab. Unabdingbar ist, dass ein expliziter Diagnoseprozess stattfindet. Und zwar in einem angemessenen Zeitrahmen. Und das bedeutet: Keine „Standardansätze" und kein „Jumping to Conclusions"! Sondern eine ausführliche Diagnose, mit breiter Datensammlung, Datenauswertung, Synthese aller Einsichten und anschließender Beurteilung und die Identifizierung möglicher Lösungsansätze.

Ein dritter Beratungsansatz ist die Prozessberatung. Nicht im Sinne einer Expertenberatung für Arbeitsabläufe, sondern für die Unterstützung von Veränderungsprozessen. In diesem Fall verfügt der Klient selbst über alle notwendigen Ressourcen, um sein Problem alleine zu lösen, braucht aber jemanden, der ihm bei diesem Prozess zur Seite steht. Der Klient ist und bleibt während dieses Prozesses mündig und trägt die alleinige Verantwortung. Der Berater hält sich inhaltlich aus der Konzeption der Lösung heraus. Er hilft stattdessen dem Klienten, den Veränderungsprozess (durchaus schon ab der Diagnosephase) zu reflektieren und die richtigen Interventionen auszuwählen.

In diesem Beratungsansatz sind eher Organisationsentwickler oder Coachs gefragt. Denn die meisten Unternehmensberater schaffen es gar nicht, sich inhaltlich herauszuhalten. Die Versuchung ist viel zu groß.

Da wir in diesem Buch einen Fokus auf die Schnittstelle zwischen Unternehmensberatern und Klienten legen wollen, wird dieser dritte Beratungsansatz im Folgenden nicht weiter betont. Auch wenn die meisten Hinweise eins zu eins auch auf diese Art der Beratung übertragbar sind.

Welche inhaltliche Disziplin, welche Industrie-Expertise und welche funktionale Kompetenz werden benötigt?

Die Frage ist gar nicht so schwer zu beantworten. Hier hilft oft schon ein Blick auf die Homepage der Beratung. Dort werden in der Regel die entsprechenden Kompetenzen vorgestellt.

Wer diesen Darstellungen nicht besonders traut, der ist mit den oben bereits erwähnten neutralen Studien besser bedient. Eine gute Quelle ist zum Beispiel die „Fink-Studie" von Professor Fink vom Institut für Unternehmensberatung. Hier werden regelmäßig die großen Unternehmensberatungen im Verhältnis zueinander in ihren spezifischen funktionalen und industriebezogenen Kompetenzen bewertet. Wer ist denn nun aus Sicht der Top-Manager auf der Klientenseite der beste Stratege, Restrukturierer, Prozessoptimierer? Und wer ist der Beste in Sachen Automobil, Pharma, Industriegüter?

Wem das immer noch nicht reicht, der sollte einfach mal mit verschiedenen Beratern Kontakt aufnehmen und sich in einem persönlichen Gespräch selbst ein Bild machen.

Welche Beratungskultur passt am besten?

Die Chemie muss stimmen. Ein Projekt wird deutlich wirksamer und effizienter, wenn sich Klient und Berater auch persönlich mögen oder zumindest wertschätzen.

Aber nicht nur das – die Kultur sollte auch zur Art des Projektes passen. In Krisensituationen braucht man eher einen durchsetzungsstarken, betont sachlichen Berater. Für eine Strategieentwicklung einen kreativen. Und für Veränderungsprozesse ohne Krise eher einen empathischen.

Ich weiß, was ich will – aber das macht die Wahl nicht einfacher!

Gut, die Kriterien sind nun klar. Man weiß genau, welche Art von Berater in diesem Projekt der Richtige ist. Aber irgendwie kann man sich immer noch nicht entscheiden. Der Eindruck ist noch immer da, dass zumindest bei den großen Beratungen jeder vermeintlich alles kann.

Fast alle Beratungen haben bei ihrer Gründung eine klare Positionierung hinsichtlich einer Industrie, einer funktionalen Ausrichtung, ihres Beratungsansatzes und ihrer Kultur beziehungsweise ihrer Mitarbeiter. Und viele Beratungen bleiben dieser Positionierung lange treu. Zumindest bis zu dem Zeitpunkt, in dem sie (zu) ambitioniert wachsen wollen, oder auch in Zeiten einer Krise. Da können sie dann plötzlich alles. Da wird aus einer Investmentbank eine Unternehmensberatung, aus einer IT-Beratung eine Strategieberatung, aus einer Strategieberatung ein Restrukturierer, und der Restrukturierer bietet neuerdings auch Trainings an. Und das Verrückte daran ist, sie können das in der Regel auch. Fehlende Expertise wird in langen Nachtschichten hart erarbeitet oder einfach durch Quereinsteiger eingekauft. Und sie schaffen für den Klienten damit tatsächlich Wert.

Es gibt zwar Klienten und auch Berater, die gerne an alten Glaubenssätzen festhalten, zum Beispiel: „Strategieberater implementieren nicht", das ist aber meistens einfach auf Unwissenheit zurückzuführen oder auf den Wunsch, sich auf Basis dieser alten Bilder differenzieren zu können. In Wahrheit verbreitern zumindest die großen Beratungen ständig ihr Angebot.

Auch die kulturellen Unterschiede verwässern mittlerweile mehr und mehr. Die „Netten" positionieren sich mittlerweile auch als „harte Restrukturierer" und die „operativen Experten" versuchen den Spagat hin zu den „intellektuellen Herausforderern". Das macht die Wahl des richtigen Beraters für die Klienten immer schwieriger.

Andererseits könnte sich der Klient eigentlich zurücklehnen – was er ja oft auch tut – und darauf vertrauen, dass eine beliebige der großen Beratungen für ihn Wert schafft, was in der Regel ja auch stimmt. Nicht unbedingt den höchsten Wert, aber zumindest einen „sinnvollen" nach obiger Definition.

Allzu oft vertrauen Klienten daher auf ihre Haus- und Hofberater. Verständlich ist, wenn dies auf gemeinsamen, guten Erfahrungen basiert. Es kann sogar sinnvoll sein, nicht jedes Mal den Aufwand der Suche nach dem besten Berater zu betreiben, wenn der, den man kennt, die Aufgabe sinnvoll – gemäß den obigen Kriterien – erfüllen kann. Es spart ja häufig auch an Einarbeitungsaufwand. Und der bekannte Berater kann die Klientenorganisation besser einschätzen als ein neuer. Die Herausforderung für den Berater ist dabei nur der Erhalt seiner Neutralität.

Letztlich bleibt Beratung ein „people business", und das Vertrauen zwischen einem Klienten und einem Berater rangiert als Kriterium im Auswahlverfahren sehr weit oben.

Nicht verständlich ist es, wenn die Wahl aus reiner Bequemlichkeit auf den Berater fällt, der gerade im Haus unterwegs ist. Noch sensibler sind die Themen der persönlichen Beziehungen und der Alumni-Netzwerke. Wenn Klienten, die selber längere Zeit bei einem der großen Beratungsunternehmen angestellt waren, ihre Projekte ausschließlich an die Ex-Kollegen vergeben oder sich Vorstände bevorzugt von alten Schulfreunden beraten lassen, dann führt das mittelfristig zu Akzeptanzproblemen auf der mittleren Ebene. Das heißt nicht, dass der jeweilige Berater nicht vielleicht sogar der Richtige für den Job ist – aber es entsteht auf den Ebenen unterhalb der Auftraggeber der Eindruck, dass anstelle eines ernsthaften Anliegens eher eine Gefälligkeit hinter dem Projektauftrag steht. Und mit den Zweifeln ist die Wirksamkeit eines solchen Projektes per se gefährdet.

Ein Vorstand erzählte mir, dass er einigen Beratern bei der Auftragsvergabe klar kommuniziert hat, dass er keinen Folgeauftrag an sie vergeben wird. Wenn sich weitere, sinnvolle Schritte im Laufe des Projektes ergäben, werde er diese an eine andere Beratung vergeben. Auf diese Weise schützte er sich wirksam gegen jeden Versuch der Berater, sich selber neue Aufträge zu generieren.

Spannend ist bei der Frage nach der Auswahl eines Beraters beziehungsweise der einzelnen Teammitglieder durch den Klienten auch die Tatsache, dass der Klient immer wieder nach ausgewiesenen Experten fragt. Am liebsten ist ihm der Berater, der seit Jahren zum Beispiel nichts anderes tut, als in der Automobilbranche Produktkosten-Optimierungsprojekte durchzuführen. Idealerweise sogar nur in seinem Unternehmen, damit er auf jeden Fall schon mit allen wichtigen Rahmenbedingungen vertraut ist. Und dann fragt der Klient nach einem Best-Practice-Transfer aus anderen Unternehmen, Industrien und Fragestellungen. Was denn nun? Experte oder Generalist? In diesen Fällen hat der Klient das Defizit, welches er ausgleichen muss, nicht klar genug identifiziert. Den „Eierlegenden Wollmilchsau-Berater" gibt es nun einmal nicht.

In vielen Dax-30-Unternehmen ist es mittlerweile Usus, dass der Einkauf eine verbindliche Shortlist an „buchbaren" Beratungsunternehmen führt. Dafür sprechen sicherlich ein geringerer Aufwand bei der Auswahl des Beraters und vielleicht noch eine bessere Verhandlungsposition bei der Preisgestaltung. Und für die Berater, die auf der Liste stehen, ist das auch eine gute Sache. Bis auf den fehlenden Verhandlungsspielraum beim Preis vielleicht. Aber gegen eine solche Liste spricht, dass möglicherweise genau der Berater, der für das spezifische Projekt der Richtige wäre, gerade nicht auf ihr steht. Sei es nun ein Berater mit einer spezifischen Expertise oder aber einer mit der gleichen Expertise, die er zu einem günstigeren Preis anbietet (insbesondere bei „Bodyleasing"-Projekten).

Fazit

Um tatsächlich ein Maximum an Wirksamkeit und Effizienz zu erreichen, sollte der Klient sicherstellen, dass er den richtigen Berater für seine spezifische Fragestellung bekommt. Auf jeden Fall sollte er den Berater seiner Wahl – und zwar jedes einzelne Teammitglied – auf Herz und Nieren prüfen und gegebenenfalls auf einen Austausch bestehen. Und der Berater sollte darauf achten, entweder der Beste zu sein oder auch mal ein Projekt abzulehnen.

2 Die notwendigen Kompetenzen und die richtige Einstellung dem Projekt gegenüber mitbringen

Oder: Es gibt gute und schlechte Berater, wie es gute und schlechte Klienten gibt

Wie schon im Vorwort beschrieben, gibt es in der Öffentlichkeit – unterstützt durch die Medien – ein sehr unterschiedliches Bild von Beratern. Für die einen sind sie manipulative Besserwisser, die nur ihr Ego pflegen und ihren Umsatz maximieren wollen. Für die anderen sind sie die intelligenten, charismatischen Superhelden, die Innovationen entwickeln, Markttrends gestalten und Klienten vor dem sicheren Untergang retten.

Beide Extreme gibt es. Aber keine dieser Darstellungen gibt ein realistisches Bild des gemeinen Beraters wieder.

Wenn die Klienten im Fokus stehen, fällt das Urteil meist milde aus; dann wird bestenfalls von gescheiterten oder erfolgreichen Vorhaben gesprochen. Nach einer Bewertung der Effektivität und Effizienz in der Zusammenarbeit zwischen Beratern und Klienten sucht man meist vergebens. Zudem werden tendenziell erfolglose Projekte eher den Beratern zugeordnet, die erfolgreichen dagegen den Klienten.

Ziel dieses Buches ist es, ein kritisches, aber vor allem auch differenziertes Bild sowohl von Beratern als auch von Klienten zu zeichnen. Insbesondere hinsichtlich ihres Wertbeitrages zu der Wirksamkeit und Effizienz von Projekten. Es ist sinnvoll, dass sich beide Seiten Gedanken darüber machen, was eigentlich einen guten Berater von einem schlechten unterscheidet und was einen guten Klienten von einem schlechten. Daher wollen wir es mit einer Art Definition versuchen, die durch Kommentare der Interviewpartner von beiden Seiten angereichert sind.

2.1 Guter Berater

„Die vielgepriesenen Überflieger-Berater trifft man nur selten."

(Vorstand, Versicherungskonzern)

Legen wir doch einmal die Messlatte auf eine „ideale Höhe": Ein guter Berater verfügt über drei Kompetenzen:

Methodenkompetenz

Er hat ausgeprägte Fähigkeiten, komplexe Sachverhalten zu durchdringen und angemessen zu abstrahieren; er kann umfangreiche Projekte strukturieren, priorisieren und konsequent managen; er analysiert mit höchster Genauigkeit, Kreativität und Pragmatismus; er ist ein Experte für logische Schlussfolgerungen; er kann gut zuhören und Beziehungen aufbauen; er ist ein geschickter Rethoriker – verständlich, relevant, glaubwürdig und unterhaltsam; er kann neutral moderieren; er ist ein Champion mit seinem projektspezifischen Methodenkoffer und kann diesen je nach Situation vielseitig und flexibel einsetzen.

Fachliche Kompetenz

Er verfügt über ausreichende Kenntnisse der entsprechenden Industrie des Klienten sowie der spezifischen, inhaltlichen und funktionalen Fragestellung (je nach Hierarchiestufe des Beraters spannt sich der Bogen hierbei von Grundlagenwissen bis hin zum herausragenden Expertentum); darüber hinaus hat er auch zumindest grundlegende Erfahrungen aus anderen Industrien und Fragestellungen und ist in der Lage, dieses Wissen wertschaffend zu transferieren.

Persönliche Kompetenz

Er ist in seiner Haltung unabhängig genug, um im besten Sinne der Klientenorganisation zu beraten und sich dabei nicht von persönlichen Interessen des Auftraggebers oder seinen eigenen beeinflussen zu lassen; er besitzt genügend Rückgrat, um auch einmal „Nein" zu sagen; er ist ausdauernd, hat ein gutes Einfühlungsvermögen und verfügt über eine hohe intellektuelle Neugier, die ihm eine schnelle Einarbeitung und eine unbefangene Kreativität im Denken ermöglicht; er ist bereit, sein erstes Urteil zu revidieren.

„Bei uns im Haus nennen wir das das Erwachsenen-Prinzip: auch mal
‚Nein' sagen können und dem Klienten nicht nur nach dem Mund
reden. Auch auf die Gefahr hin rauszufliegen"

(Partner, Strategieberatung)

Ein Partner in einem anderen der großen Beratungshäuser prägte bei der
Frage nach den notwendigen Fähigkeiten den Begriff des „charmanten
Durchsetzungsvermögens". Er legte dabei großen Wert auf die Kombination dieser Begriffe, da sie genau die richtige Balance beschreiben: Ein Berater muss in der Lage sein, sich durchzusetzen, wenn er von seiner Empfehlung wirklich überzeugt ist und erkennt, dass der Klient seine Position zum
Beispiel auf falschen Überlegungen oder rein politischen Motivationen auf-
baut. Die Tonalität spielt dabei aber eine zentrale Rolle. Der Klient bleibt
mündig und trägt letztlich selbst die Verantwortung für seine Entscheidungen. Der Berater tut also gut daran, sich nicht mit Härte und Sturheit durchzusetzen und damit die jeweiligen Positionen zu verhärten, sondern seinen
Standpunkt eher mit Charme, Einfühlungsvermögen und Witz klarzustellen.

Aus diesem umfangreichen Kompetenzen-Portfolio ergibt sich auf natürliche
Weise ein direkter Auftrag an gute Berater: ständiges Training und konsequente Weiterentwicklung sowie die besondere Fähigkeit der Selbstreflexion.

In der Kritik an Beratern wird zwischen deren unterschiedlichen Hierarchiestufen viel zu wenig differenziert.

An dieser Stelle müssen wir noch einmal die unterschiedlichen Rollen der
Berater auf der Consultant-, Projektleitungs- und Partnerebene eingehen.
In der Kritik an Beratern wird hier in der Regel viel zu wenig differenziert.

In den ersten zwei bis drei Berufsjahren verbringt ein Berater die meiste Zeit
damit, Interviews zu führen, Daten zu analysieren, Ergebnisse in Präsentationen zu übersetzen und diese intern und mit den Klienten abzustimmen.
Hierbei sind die methodischen Kompetenzen wichtiger als die fachlichen.

Auf der Projektleitungsebene steigt die Bedeutung der fachlichen Kompetenz. Neben der Planung und Strukturierung des Projektes ist der Projektleiter vor allem für die Auswahl der relevanten Analysen und die Übersetzung
der Ergebnisse in klientenspezifische Handlungsoptionen verantwortlich.
Dies natürlich wieder in enger, inhaltlicher Abstimmung mit dem Klienten.

Auf der Partnerebene liegt der Fokus auf dem Design des Projektes insgesamt, der Entscheidung über die letztendliche Empfehlung und der Pflege der Beziehung zum Klienten. Hierbei überwiegt die Bedeutung der fachlichen und persönlichen Kompetenzen klar der methodischen.

Die unterschiedlichen Rollen kann man auch anhand des jeweiligen Planungshorizontes beschreiben: In den ersten Monaten hat ein Berater vor allem die Aktivitäten der nächsten zwei bis vier Wochen im Blick. Ein guter Projektleiter sollte in der Lage sein, nicht nur die Aktivitäten der nächsten zwei bis drei Monate im Blick zu haben, sondern auch die Konsequenzen der inhaltlichen Empfehlungen. Letzteres ist von zentraler Bedeutung für die Entscheidung über die prinzipielle Sinnhaftigkeit einzelner Aktivitäten. Und auf der Partnerebene verlängert sich der zeitliche Horizont des Denkens dann auch schon einmal auf die Dimension von Jahren, wenn es um strategische Überlegungen oder allgemeine Trends der Wirtschaft geht.

Und die gleiche Horizonterweiterung findet auch bezogen auf „Personen und Gruppierungen" statt. Der Junior-Berater hat vor allem seine direkten Ansprechpartner mit ihren Bedürfnissen im Blick. Der Projektleiter dann eher den Auftraggeber, den weiteren Kreis der Verantwortlichen und den Geschäftsbereich als solchen. Der Partner hingegen sollte neben den zentralen Entscheidern auch die gesamte Organisation sowie die Gruppierungen hinter der Organisation im Blick haben: zum Beispiel Shareholder, Kunden und Lieferanten.

Natürlich sollte ein guter Berater unabhängig von seiner Position über alle drei genannten Kompetenzen verfügen. Aber eben in unterschiedlicher Ausprägung. Und dies sollte vor allem auch von den Klienten berücksichtigt werden.

Goldene Regel Nummer 3 (Berater)

Entwickle Deine eigenen Kompetenzen und die Deines Teams kontinuierlich weiter und reflektiere regelmäßig und ehrlich Deine Einstellung dem Projekt gegenüber.

Neben den notwendigen Fähigkeiten zeichnet sich ein „guter Berater" auch durch eine konstruktive Haltung dem jeweiligen Projekt gegenüber aus. Dies bedeutet, dass er das Problem des Klienten ernst nimmt und seinen ganzen Fokus darauf legt, dieses bestmöglich zu lösen. Und zwar mit höherer Priorität, als seine eigenen Bedürfnisse zu erfüllen oder den Umsatz möglichst zu maximieren. Ernsthaftigkeit ist vor allem auch dann gefragt, wenn das Problem des Klienten aus Sicht des Beraters eher eine Lappalie ist – aus Sicht des Klienten ist es das nicht, sonst hätte er keinen Berater engagiert. Der Klient muss sich sicher sein können, dass der Berater sein Bestes gibt. Und zwar bis zum Ende.

Natürlich gibt es für Berater spannende und weniger spannende Projekte, herausfordernde und eher einfache Projekte, neue Themen und x-te Wiederholungen. Es wäre unnatürlich, wenn ein Berater für jedes Projekt eine maximale Begeisterung aufbringen würde. Aber eine Top-Leistung und das Einbringen aller seiner Fähigkeiten, das kann man von einem guten Berater erwarten.

2.2 Schlechter Berater

Die einfachste Definition eines schlechten Beraters wäre natürlich die Umkehr beziehungsweise das Fehlen der obengenannten Kompetenzen. In einem Satz könnte man es auch so formulieren:

> „Ein schlechter Berater ist jemand, der seinen Klienten eine feststehende Standardlösung auf arrogante Weise mit einem eigennützigen Ergebnis aufoktroyiert und dabei noch so tut, als wäre er emphatisch und an einer offenen Diskussion interessiert."

Übrigens deckt sich bei dieser Definition eines schlechten Beraters die Sichtweise der Klienten mit der der Berater.

Darüber hinaus wurden in den verschiedenen Gesprächen noch weitere Merkmale eines schlechten Beraters identifiziert:

- „Er nutzt seine Flughöhe nicht, sondern verliert sich in Details."
- „Er vereinfacht so stark, dass es oberflächlich wird."
- „Er hat kein vollständiges Bild für eine hinreichende Argumentation und versucht dann, durch Bestimmtheit anstelle von Inhalt zu überzeugen."

- „Er kommt zu schnell zu Urteilen – über alles und jeden."
- „Er nimmt jedes Projekt an, auch wenn er nicht von der Sinnhaftigkeit überzeugt ist oder der Auftrag nicht klar ist."
- „Er ist nur auf den Vorstand fixiert und ignoriert das mittlere Management und die Bedürfnisse, Befindlichkeiten und Fähigkeiten der Organisation."
- „Er wird mit der Zeit seinem ‚Herrchen' immer ähnlicher."
- „Er akzeptiert, dass sich Projektpläne sowieso jeden Tag ändern, und verzichtet daher auf eine vorausschauende, konkrete Projektplanung unter Berücksichtigung der Engpässe des Klienten."
- „Er geht mit den Ressourcen des Klienten nicht sinnvoll um."

Diese Liste erhebt keinen Anspruch auf Vollständigkeit. Im Gegensatz zur Beschreibung eines guten Beraters, bei der prinzipielle, grundlegende Kompetenzen aufgeführt wurden, machen sowohl Klienten als auch Berater einen „schlechten Berater" eher an konkreten Verhaltensweisen fest. Dazu werden wir im nachfolgenden Kapitel noch weitere Beispiele anführen.

2.3 Guter Klient

Da es in diesem Buch um die Betrachtung der Schnittstelle zwischen Unternehmen und Beratern geht, zielt die Definition eines „guten Klienten" nicht auf seine Linienfunktion (operative Aufgaben, Führung, Management usw.) ab, sondern rein auf seine Rolle im Rahmen von Beratungsprojekten. Natürlich gibt es Überschneidungen, wie einer meiner Interviewpartner treffend formuliert hat: „Genau wie jede Führungskraft muss auch ein Projektleiter wie ein Kapitän auf der Brücke stehen und überschauen, ob die Mannschaft auf dem Vordeck richtig arbeitet."

Die wichtigen Kriterien für einen guten Klienten lassen sich auf sechs Punkte subsumieren:

- „Seine Interessen liegen im Einklang mit dem Wohl der Organisation beziehungsweise allen Stakeholdern."

- „Er hat sein Problem selber erschöpfend reflektiert und weiß genau, was er will und was sich in der Organisation jetzt realisieren lässt – und er teilt diese Überlegungen und seine Motivationen dem Berater offen und ehrlich mit."

- „Er vergibt einen klaren Auftrag an den Berater und beschränkt dessen Einsatz auf tatsächlich wertschaffende Aufgaben und Rollen."

- „Er stellt dezidierte interne Kapazitäten zur Verfügung, insbesondere einen Projektverantwortlichen mit Einfluss und Zeit."

- „Er bringt sich selber kontinuierlich und proaktiv in den Prozess ein und steuert den Berater."

- „Er ist offen für die neutrale Sicht des Beraters und dessen neue Ideen, bildet sich aber eine eigene, unabhängige Meinung und behält vor allem die Verantwortung für die Entscheidungen im Anschluss an die Beratung."

Um eine Vergleichbarkeit zu den drei Kompetenzen eines guten Beraters herzustellen: Der Klient muss vor allem seine fachlichen und persönlichen Kompetenzen in ein Projekt einbringen, das methodische Know-how wird er im Zweifel von den Beratern bekommen. Zu den fachlichen Kompetenzen gehört in seinem Fall vor allem auch eine fundierte Kenntnis seiner Organisation, wie sie funktioniert, welche Befindlichkeiten und mentalen Modelle die Verhaltensweisen prägen, über welche Kompetenzen sie (nicht) verfügt und was man ihr zum gegebenen Zeitpunkt zumuten kann.

Vertiefen sollte man an dieser Stelle vielleicht noch zwei der obengenannten Punkte:

Erstens ist es natürlich eine Idealsituation, dass die Interessen des Auftraggebers mit denen aller Stakeholder, also der Shareholder, aller Mitarbeiter, Kunden und Zulieferer übereinstimmen. Wahrscheinlich sind sie häufiger konträr. In dem Fall macht einen „guten Klienten" aus, wenn er diesen Konflikt nicht den Beratern überlässt, sondern sich selber damit auseinandersetzt, und wenn er nach einer Lösung sucht, die möglichst im Einklang mit den unterschiedlichen Interesse liegt, anstatt nur seine eigenen in den Vordergrund zu stellen.

> Ein guter Klient wird seinem Berater weitgehend vertrauen – aber nie die Verantwortung für seine Entscheidung übertragen.

Zweitens zur Steuerung des Beraters: Ein guter Klient wird zwar dem Berater weitgehend vertrauen – idealerweise basierend auf gemeinsamen Erfahrungen –, aber er wird sich eine Kontrollfunktion und entsprechende Reaktionen vorbehalten. Damit ist nicht gemeint, dass er sich alle zwei Tage einen Statusbericht zeigen lassen sollte, das wäre kontraproduktiv und würde den Berater lahmlegen. Aber er wird die notwendige Klarheit der Aussagen einfordern und sich nicht von Anglizismen und Sprücheklopfern einschüchtern lassen. Er wird Fehlverhalten thematisieren. Er wird im Zweifel eine Anpassung des Beraterteams durchsetzen – hinsichtlich Kapazität oder auch Qualität. Kurzum, er wird sich nicht alles gefallen lassen.

Um auch hier eine Lanze für die Klienten zu brechen: Natürlich sind die notwendigen Kompetenzen, wie schon beim Berater, abhängig von der Hierarchie und der Rolle im Projekt. Die obige Liste gilt insbesondere für den Auftraggeber und die für die Steuerung verantwortlichen Klienten. Ein Projektmitarbeiter auf der „Arbeitsebene" sollte vor allem seine fachliche Kompetenz einbringen – natürlich idealerweise auch proaktiv und mit dezidierter Kapazität. Aber er ist nicht in der Verantwortung des Briefings und der Steuerung des Beraters.

Goldene Regel Nummer 3 (Klienten)

Bringe proaktiv alle notwendigen Kompetenzen ein und überprüfe Deine Einstellung gegenüber dem Projekt.

Auch hier sollte man ein Wort über die „richtige Einstellung" zum Projekt verlieren. Die totale Begeisterung über ein Projekt ist bei Klienten, zumindest in der Breite, selten. Aussagen wie „prima, das haben wir schon immer gebraucht – endlich hilft uns da mal jemand" sind eher die Ausnahme. Eine nicht unbedeutende Gruppe an Klienten wird typischerweise eher nörgeln. Das ist auch nachvollziehbar, immerhin bedeutet ein Projekt in der Regel Mehraufwand und stellt eine Gefährdung der liebgewonnenen Routinen dar, noch dazu mit ungewissem Ausgang. Aber ein „guter Klient" versucht zumindest, die Notwendigkeit des Projektes nachzuvollziehen, und überprüft, inwieweit er das Projekt durch Einbringung seiner Fähigkeiten und seiner Expertise konstruktiv und proaktiv unterstützen kann. Er akzeptiert, dass Projekte mittlerweile einen ständigen Teil des Tagesgeschäftes darstellen, und wird seine zeitliche Verfügbarkeit dementsprechend priorisieren. Zu der richtigen Haltung dem Projekt gegenüber gehört auch, dass er seine Bedenken und Veränderungsvorschläge offen anspricht, aber im Zweifel auch die Vorgaben seines Chefs anerkennt und trotz seiner Bedenken konstruktiv mitarbeitet.

Ein guter Klient schafft es, die Sinnhaftigkeit eines Projektes unabhängig von seiner persönlichen Betroffenheit und seinen persönlichen Bedürfnissen und Interessen zu beurteilen.

2.4 Schlechter Klient

Wieder wäre die einfachste Definition eines „schlechten Klienten" die Umkehrung der obigen Definition eines „guten Klienten". Das wäre demnach jemand, der selber nicht genau weiß, was er eigentlich will, der alles mit sich machen lässt und der sich bestenfalls erratisch in den Prozess einbringt, in der Hoffnung, dass niemand seine Überforderung bemerkt.

An dieser Stelle soll in Bezug auf diese sehr explizite und vorwurfsvolle Definition allerdings noch ein wohlwollender Disclaimer angebracht werden. Einige der obengenannten Punkte sind durchaus nachvollziehbar und dürfen dem verantwortlichen Klienten nicht vorgeworfen werden.

Zum Beispiel ist häufig am Anfang eines Projektes das genaue Ausmaß oder die Art des Problems noch gar nicht bekannt. Oder der Klient schätzt die Bedürfnisse und Fähigkeiten seiner Organisation – aus einer gewissen Betriebsblindheit heraus – falsch ein. Oder die Prioritäten ändern sich während des Projektes und die zugesagten Kapazitäten müssen verschoben werden. In diesen Fällen liegt es in der Verantwortung des Beraters, den Klienten in genau diesen Punkten zu unterstützen.

Nicht zu entschuldigen ist allerdings ein Klient, der sich gänzlich aus der Verantwortung stiehlt und einen beliebigen Berater mit einem unfokussierten Pauschalauftrag anheuert. Oder jemand, der den Berater von Anfang an bewusst auf eine falsche Fährte lockt oder der sich über die Interessen der Stakeholder unreflektiert hinwegsetzt. Ein Klient, der sich in seiner eigenen Komplexität verstrickt und ständig neue Nebenthemen einbringt. Der dem Berater hörig ist, anstatt gemeinsam mit ihm zu reflektieren. Oder jemand, der einfach noch Budget freihatte, sich aber für das Ergebnis gar nicht interessiert.

Diese Dinge sind genauso wenig zu entschuldigen wie die obengenannten Eigenschaften eines „schlechten Beraters".

Aber, in aller Fairness, der Übergang zwischen dem guten und schlechten Klienten kann entlang dieser Definition sehr fließend sein, wenn man zum Beispiel auf einen sehr guten Berater trifft:

> „Man ist als Klient schon verführt, manchmal die geballte Kompetenz eines Beraters einfach bequem zu akzeptieren und nicht in Frage zu stellen. Aber man muss als Klient letztlich immer die Verantwortung übernehmen."
>
> (CEO, Telekommunikation)

Ein schlechter Klient äußert sich auch in einer destruktiven Haltung dem Projekt gegenüber. Dazu gehört zum Beispiel eine prinzipielle Ablehnung jeglicher Art von Veränderungen oder auch nur eine fehlende Offenheit für neue Ideen. Dazu gehört auch ein Bündel an fertig verpackten Entschuldigungen, warum er sich gerade jetzt nicht in das Projekt einbringen kann. Und dazu gehört erst recht jede Art von destruktiven Verhaltensweisen, die das Vorankommen des Projektteams und die inhaltliche Qualität der inhaltlichen Konzepte unterminieren.

Ein gutes Beispiel für einen „schlechten Klienten" kommt von einem globalen Hersteller von Industriegütern, der in einer finanziell extrem schwierigen Situation steckte. Ein Berater erzählte mir von einem Projekt, in dem eine Vielzahl an Maßnahmen in den verschiedenen Einheiten eines Geschäftsbereichs gemeinsam mit Vertretern dieser Einheiten entwickelt wurde. Im Verlauf des Projektes sollten die Maßnahmen ausführlich mit den Leitern dieser Einheiten abgestimmt und am Ende von ihnen unterschrieben werden. Einer der Leiter unterschrieb einfach ohne Diskussion. Als ihn der Berater irritiert fragte, ob er denn nicht wissen wolle, was er da gerade unterschrieben hat, meinte der Leiter nur: „Ach, wissen Sie – bis mich irgendjemand danach fragt, was ich hier unterschrieben habe, sind Sie schon lange nicht mehr hier. Und unser jetziger Vorstand auch nicht!" Unnütz zu erwähnen, dass keine einzige der Maßnahmen letztlich umgesetzt wurde. Der Bereichsvorstand wurde in der Tat nach kurzer Zeit ausgetauscht und der gesamte Bereich zwei Jahre später restrukturiert und zu großen Teilen aufgelöst. Den Bereichsleiter gibt es dort angeblich immer noch, nur mit einer anderen Abteilungsbezeichnung auf der Visitenkarte.

Als zweites Beispiel eines schwierigen Rollenverständnisses eines Klienten dient ein indischer Projektleiter, der den Beratern zwar jede gewünschte Information beschafft hat – und zwar unverzüglich –, aber nie für inhaltliche Abstimmungen oder die gemeinsame Interpretation der Einsichten zur Verfügung stand. In dem Projekt ging es um die Verankerung von Kompetenzen in der Klientenorganisation. Als ihn der Berater auf die Notwendigkeit seiner Einbringung ansprach, erklärte der Klient: „Bei uns funktioniert das so: Wir versuchen unsere Probleme selber zu lösen. Wenn wir nicht mehr weiter wissen, holen wir uns einen Berater. Der löst uns dann unser Problem und sagt uns am letzten Tag einfach, wie er das gemacht hat. Und dann arbeiten wir wieder alleine weiter." Vielleicht wirkt dieses Beispiel etwas überzogen, aber so ganz unbekannt ist diese grundsätzliche Einstellung sicherlich dem einen oder anderen nicht.

2.5 Unterschiedliche Konstellationen von Beratern und Klienten bergen unterschiedliche Herausforderungen

Von den möglichen Konstellationen stellt eigentlich nur die Variante „Schlechte Klienten heuern schlechte Berater an" ein echtes Problem dar. Alle anderen regulieren sich von selbst. Ein guter Berater wird einen schlechten Klienten in die Verantwortung nehmen und ihm mit gutem Rat helfen. Ein guter Klient wird einen schlechten Berater entweder durch klare Vorgaben und konsequentes Follow-up zu einem „situativ guten" Berater konvertieren oder sich kurzfristig von ihm trennen. Der GAU tritt nur dann ein, wenn tatsächlich ein schlechter Klient (= der nicht weiß, was er will) einen schlechten Berater einsetzt (= der nicht die notwendigen Kompetenzen mitbringt und eigene Interessen vor die des Klienten stellt).

Goldene Regel Nummer 4 (Klienten und Berater)

Fordere die notwendigen Kompetenzen und eine angemessene Einstellung zum Projekt vom jeweiligen Projektpartner ein.

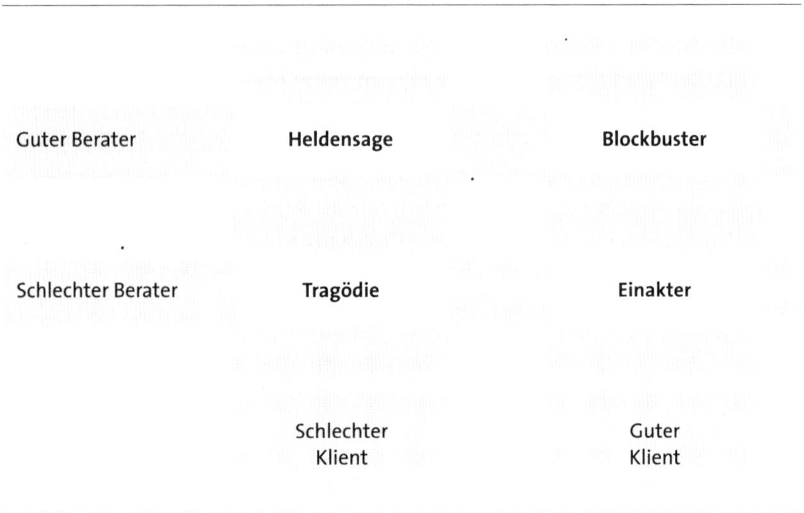

Guter Berater	Heldensage	Blockbuster
	.	
.		
Schlechter Berater	Tragödie	Einakter
	Schlechter Klient	Guter Klient

Abbildung 1: Die möglichen Konstellationen von guten und schlechten Beratern und Klienten

2.6 Blockbuster: Das Projekt ist wirksam und effizient

Hier trifft ein guter Berater, der alle notwendigen Kompetenzen und die richtige Einstellung zum Projekt (Inhalt und Klient) mitbringt, auf einen guten Klienten, der aufgeklärt, fähig und „willig" ist. Dieses Projekt ist quasi per Definition wirksam und effizient.

Der Berater wird alles daran setzen, um einen „Rat" zu identifizieren, der zu nachhaltig positiven Entscheidungen oder Veränderungen führen kann. Und „Nachhaltigkeit" ist hier im Sinne der Realisierbarkeit – aus Sicht des Beraters – zu verstehen. Der Klient wird ihn dabei, so gut es ihm möglich ist, unterstützen, indem er sich selbst mit seinem Wissen und seinen Erfahrungen sowie allen weiteren notwendigen Kompetenzen und Ressourcen einbringt. Er wird schließlich den Rat des Beraters ernsthaft in Erwägung ziehen und eigenständig und unabhängig eine Entscheidung treffen.

Blockbuster sind Traumprojekte – über die viel zu selten gesprochen wird.

52

Blockbuster sind Traumprojekte. Und die gibt es immer wieder. Es wird nur selten über sie gesprochen. Und wenn, wird der Berater in dem Zusammenhang selten bis gar nicht erwähnt. Was aber auch in Ordnung ist, denn die Verantwortung liegt letztlich beim Klienten.

„Wir haben vor einiger Zeit ein Projekt mit einer der großen Beratungen durchgeführt, welches in vielerlei Hinsicht überaus erfolgreich war: im Ergebnis, und zwar sofort nach Abschluss messbar, im Übertragen von Know-how auf die Organisation, bei der Überzeugung der Mannschaft, und auch in einem effizienten Projektverlauf, bei dem wir sogar viel Spaß hatten. Es ging um die Einführung eines neuen Rabattsystems, bei dem wir mit viel Widerstand sowohl bei unseren Handelspartnern, aber auch intern bei unserer Vertriebsmannschaft rechnen mussten. Die Berater waren nicht nur in hohem Maße ‚sozial kompatibel‘, sondern haben vor allem auch nicht versucht, sich als inhaltliche Experten zu profilieren. Sie haben den komplizierten Prozess strukturiert und viel hinterfragt, plausibilisiert und analysiert. Sie waren vor allem mit einem kleinen Team vom Tag der Idee bis zum Tag der Einführung dabei. Das war viel besser als in anderen Projekten, in denen die Berater in großer Zahl für einen relativ kurzen Zeitraum kommen und die Organisation häufig mit ihrem Tempo überfordern. Wichtig war, dass wir auf der Projektleitungsebene wirklich zusammengearbeitet und eine Sprache gesprochen haben. Sonst hätten wir die Widerstände nie überwinden können. So haben wir am Tag der Einführung unsere Marge auf einen Schlag um 3 Prozent erhöht.“

(Vertriebsdirektor, Hersteller von Konsumgütern)

•
Die wichtigsten Merkmale eines „Blockbusters" sind,

• dass das Projekt (und nicht nur die Berater) immer in Bewegung ist, also Entscheidungen schnell getroffen werden und alle Beteiligten ihre Aufgaben eigenständig vorantreiben,

• dass die Diskussionen konstruktiv auf der sachlichen Ebene ausgetragen werden – auf der Basis geklärter Beziehungen,

• dass die Projektteams Spaß an der gemeinsamen Arbeit haben.

Ein Partner einer großen Beratung beschrieb als Merkmal eines Blockbusters: „Bei meinem Verständnis eines Blockbusters ist der Berater mehr als ein Sparringspartner: Er ist eine Vertrauensperson, an der der Klient seine Ideen spiegeln kann – und auch andersherum. In einem Projekt wurde zum Beispiel gemeinsam mit Klienten das Proposal geschrieben – das war ein frustrierender, aber absolut wertschaffender Prozess. Wir sind mit völlig unterschiedlichen Meinungen gestartet, was in diesem Projekt alles getan werden muss. Letztlich entstand ein realisierbarer Prozess. Und es hat unserer Beziehung gutgetan: Offenheit, gemeinsames Interesse und gegenseitiges Vertrauen – wir waren uns beide bewusst, worum es geht und was realisierbar ist."

Die Grundlage für ein „Blockbuster"-Projekt liegt dabei vor allem in der Konstellation „guter Berater trifft auf guten Klienten", bei der man auch davon ausgehen kann, dass beide Seiten eine wertschätzende Haltung dem jeweils anderen gegenüber einnehmen und operativ alles richtig machen. Das sind die Themen der nachfolgenden Kapitel.

2.7 Heldensage: Der Berater als „Retter" des Klienten

Eine schwierigere Konstellation, aber mit gutem Ausgang. Ein guter Berater trifft auf einen schlechten Klienten. Der Klient kann also nicht die notwendigen Kompetenzen und/oder Ressourcen und/oder den notwendigen Willen aufbringen, große Veränderungen durchzuführen. Und vielleicht weiß er am Anfang noch nicht einmal, was er genau will.

Wenn der Klient in dieser Situation das Glück hat, einen wirklich guten Berater ausgesucht zu haben, kann dieser die Defizite mit großer Wahrscheinlichkeit aufdecken und ausgleichen. Das heißt, er kann alleine oder gemeinsam mit dem Klienten das eigentliche Problem erforschen und unter den gegebenen Umständen realisierbare Zieloptionen entwickeln. Und es wird ihm entweder gelingen, den Klienten doch noch zur Einbringung der notwendigen Kompetenzen und Ressourcen zu bewegen, oder diese zur Not selber einbringen. Das wird dann eben teurer.

Schwieriger ist die Frage des notwendigen Willens der Verantwortlichen oder auch der ganzen Organisation. Diesen kann der Berater nicht herbeizaubern. Aber er kann versuchen, zu sensibilisieren und zu motivieren.

In jedem Fall gilt: Wenn der Berater einsieht, dass die notwendige Klarheit, Kompetenzen, Ressourcen und der Wille nicht vorhanden sind beziehungsweise nicht ausgeglichen werden können, wird er das Projekt ablehnen oder nach kurzer Zeit stoppen. Das ist genau der Unterschied zwischen einem guten und einem schlechten Berater.

Im schlimmsten Fall ist also das Ergebnis „kein Ergebnis". Allerdings eben auch mit sehr überschaubarer Investition, die maximal die Kosten der Diagnosephase umfassen.

In der Heldensage holt der Berater für die Klienten die Kuh vom Eis.

Wie gesagt: eine Heldensage. Der Berater holt für den Klienten „die Kuh vom Eis", wie es in der Managementsprache so schön heißt. Von diesen Projekten wird übrigens auch selten in der Öffentlichkeit gesprochen. Dass ein Klient ein „schlechter Klient" ist, gibt weder der Berater und schon gar nicht der Klient gerne zu.

Als Beispiel soll hier ein Projekt bei einem Unternehmen aus dem weiteren Bereich der Finanzdienstleistungen dienen, basierend auf einem Gespräch mit einem Senior-Partner einer der großen Strategieberatungen. Der Klient stand kurz vor dem Bankrott und die Eigner hatten großen Druck auf die Vorstände ausgeübt. Nach kurzer Zeit wurde klar, dass es im Unternehmen auf der operativen Seite sowohl an Kompetenzen als auch an Ressourcen mangelte. Also genau an den Dingen, die ein Strategieberater normalerweise nicht in Projekte einbringt, sondern die klar in der Verantwortung der Klienten liegen. Der Senior-Partner erzählte mir von den internen Diskussionen, ob die Berater versuchen sollten, diese Defizite auszugleichen oder das Projekt abzulehnen. Langes Projekt (mehrere Jahre) – kurzes Fazit: Das Projekt wurde angenommen, die Berater haben außerhalb ihrer Kerntätigkeit eine weitgehende operative Rolle übernommen, das Unternehmen konnte gerettet werden und ist heute – trotz der Finanzkrise in den Jahren 2008 und 2009 – noch gut und profitabel aufgestellt. In der Presse wurde diese Entwicklung übrigens lange und ausführlich diskutiert, ohne aber auf die Rolle des Beraters einzugehen.

Um an dieser Stelle die Frage nach der „Legitimität" versus der „Sinnhaftigkeit" eines Projektes aus dem vorherigen Kapitel aufzugreifen: Hier stellte sich den Beratern vor allem die Frage nach der Sinnhaftigkeit. Kann das Unternehmen gerettet und so profitabel aufgestellt werden, dass die Investition in die Berater gerechtfertigt ist? Und die Frage hatten sie sich – im Nachhinein richtigerweise – mit „Ja" beantwortet.

Die Merkmale einer „Heldensage" unterscheiden sich durchaus von denen eines „Blockbusters". Wobei man vielleicht im Detail noch drei Varianten unterscheiden muss:

1. Der Klient sträubt sich gegen die Einsicht, dass er ein „schlechter Klient" ist. Das kann auch bei dem besten Berater kaum zu einem wirksamen und effizienten Projekt führen. Hier wäre die einzige Lösung: Abbruch!

2. Der Klient resigniert und ergibt sich seinem Schicksal. In diesem Fall ist der Berater in der großen Verantwortung einzuschätzen, wozu die Organisation in dieser Situation tatsächlich in der Lage ist, und entsprechende Konsequenzen zu ziehen.

3. Der Klient ist dankbar für die Hilfe und versucht so gut er trotz der internen Defizite kann, den Berater bei seiner Arbeit zu unterstützen.

Die wichtigste Voraussetzung dafür, dass die „Heldensage" nicht zu einer „Tragödie" wird, ist die Standhaftigkeit und die Integrität des Beraters. Er muss der Verführung widerstehen, den Klienten im eigenen Interesse zu manipulieren oder die Grenzen und seine Rolle derart zu überschreiten, dass es dem Klienten nicht mehr dient. Letzteres würde ihn sofort per Definition zu einem „schlechten Berater" machen und die „Heldensage" wird zur „Tragödie".

2.8 Einakter: Der Klient hält dem Berater die Hand

„Warum sollte er das tun?" Das ist eine gute Frage.

Aber man darf Folgendes nicht vergessen: Erstens hat sich der Klient im Vorfeld für diesen Berater entschieden. Sicherlich im Unwissen, dass es sich für den spezifischen Einsatz nach obiger Definition um einen „schlechten Berater" handelt. Vielleicht hatte er bisher mit diesem Berater bei anderen Fragestellungen gute Erfahrungen gemacht. Oder er hat beim Pitch nicht richtig hingeschaut. Seine Erwartungen hat er sicherlich klar genug formuliert, sonst wäre er kein „guter Klient" und wir würden hier nicht über „Einakter", sondern über „Tragödien" sprechen. Vielleicht hat er bei der Wahl des Beraters auf die falschen Kriterien geachtet.

Der Fairness halber muss man sagen, dass es für einen Klienten sehr schwierig ist, „schlechte Berater" von Anfang an zu erkennen. Häufig wird er es gar nicht merken oder erst, wenn das Projekt zu Ende ist. Im besten Fall merkt es der Klient nach einer gewissen Zeit. Wenn zum Beispiel Zusagen nicht eingehalten werden, Input vom Klienten einfach ignoriert wird, wenn die Ergebnisse unklar, nicht nachvollziehbar, am Thema vorbei oder einfach Unsinn sind. Oder wenn die Berater sozial nicht ankoppeln können.

Und nach drei bis vier Wochen in einem Projekt wird die Frage „Soll ich ihn rausschmeißen?" schwieriger zu beantworten. Der Klient müsste ja eingestehen, dass er eine falsche Wahl getroffen hat. Das ist eine Frage der persönlichen Größe und des Mutes. Und vielleicht wären die Kosten, einen weiteren Berater einzuarbeiten und wieder von vorne anzufangen, höher als der Aufwand, den „schlechten Berater" so weit an die Hand zu nehmen, dass das Ergebnis am Ende doch noch gut wird.

Es ist nur zu hoffen, dass der Klient spätestens nach dem Projekt den Mut hat, die Konsequenz zu ziehen und den Berater nicht mehr einzusetzen. Ein „Einakter" eben.

> „Wir hatten einen Berater eingestellt, um einen komplizierten Deal für uns zu strukturieren. Das hat gar nicht geklappt. Am Ende stand ich selber am Flipchart und habe Ordnung in den Prozess gebracht. Wir haben mit dem Berater weitergemacht, weil wir schon zu viel Zeit verloren hatten. Aber beim nächsten Mal würde ich lieber einen Anwalt oder einen Wirtschaftsprüfer für diese Aufgabe einsetzen."
>
> (Assistent des Aufsichtsrates, Energiekonzern)

Auch hier unterscheiden sich die äußeren Merkmale klar von denen eines „Blockbusters". Durch die nachvollziehbare Frustration des Klienten ist es fraglich, wie konstruktiv die Diskussionen ablaufen. Und Spaß werden die Projektteams wohl auch kaum miteinander haben. Und wenn wir bei der „Heldensage" noch die Varianten des resignierenden oder dankbaren Klienten hatten – im Hinblick auf Berater scheiden diese sicherlich aus.

Nun ist es eher selten, dass der Berater an sich, also das gesamte Team oder sogar das gesamte Beratungsunternehmen, „schlecht" ist. Eher kommt es vor, dass ein einzelnes Teammitglied den Kriterien nicht genügt. In diesem Fall liegt die Verantwortung für eine Anpassung des Teams sowohl beim Berater als auch beim Klienten.

Aufgrund des Geschäftsmodells und der Auslastung der meisten Beratungen ist das ideale Team zum gewünschten Zeitpunkt nicht immer verfügbar. Die Wahl wäre also: sofort mit dem verfügbaren Team und dem Risiko eines „Einakters" bei einem Teilbereich des Projekts anzufangen, oder ohne Risiko, aber mit Zeitverzug. Viele Berater trauen sich nicht, dem Klienten diese Wahl anzubieten, aus Angst, er könnte sich in der Zwischenzeit ganz anders entscheiden. Und da bei den Klienten immer „alles ganz dringend" ist, kommt ein Verzug sowieso nicht in Frage.

Mittlerweile bestehen die meisten Klienten darauf, das Beraterteam schon beim Proposal kennenzulernen. Das ist unter zwei Voraussetzungen genau der richtige Schritt:

- Der Klient ist bereit, sofort über den Projektbeginn zu entscheiden. Andernfalls kann er vom Berater kaum erwarten, dass der dieses „Spitzenteam" über Wochen untätig herumsitzen lässt, wenn die Berater auf anderen Projekten sinnvoll eingesetzt werden könnten.

- Der Klient ist bereit, einzelne Berater abzulehnen, wenn er nicht von ihnen überzeugt ist. Das kommt aber so gut wie nie vor.

> „Der größte Fehler, den wir als Klienten machen können, ist, auf Blender reinzufallen, es zu merken – und trotzdem nichts zu unternehmen!"
>
> (Geschäftsführer, Logistikunternehmen)

„Einakter" legen also eine größere Verantwortung in die Hände des Klienten. Er muss sich entscheiden, ob er es sich eher leisten kann, dem Berater die Hand zu reichen, um zu einem wirksamen Projekt zu kommen, oder ob er sich von ihm trennt und gegebenenfalls von vorne anfängt.

2.9 Tragödie: Ein Projekt hinterlässt verbrannte Erde

Diese Konstellation ist der GAU. Hier wäre es bestenfalls Glück, wenn man ein Projekt, bei dem ein schlechter Berater auf einen schlechten Klienten trifft, hinterher aufrichtig als „wirksam" bezeichnen kann. Denn die Fähigkeit des Schönredens macht aus einem schlechten Berater oder Klienten noch lange keinen guten.

Nach Lektüre der obigen Definitionen ist es wohl müßig, über die Mechanismen von „Tragödien" noch viel zu schreiben. Im Übrigen sind dies genau die Projekte, die in der einschlägigen Lektüre, der Presse oder den Abrechnungsbüchern über Berater breitgetreten werden. Ich möchte an dieser Stelle die besondere Konstellation noch einmal betonen: Ein Berater, der sich dem Vorwurf der Verfolgung von Eigeninteressen stellen muss, hatte es in den entsprechenden Projekten offensichtlich mit einem Klienten zu tun, der sich manipulieren ließ. Bewusst oder unbewusst. Also einem „schlechten Klienten" nach unserer Definition. Die Schuldfrage zu stellen hilft in diesen Fällen nicht weiter.

Unabhängig von der Schuldfrage: „Tragödien" sind genau die Projekte, die in Konzepten für die Schublade münden und nie implementiert werden. Oder die im schlimmsten Fall sogar doch implementiert werden und dem Klienten zum Nachteil gereichen.

„Wir hatten vom Vorstand eines Konzerns den Auftrag bekommen, in einem seiner Geschäftsbereiche die Profitabilität zu steigern. Wir waren so auf diesen Vorstand fixiert, dass es uns gar nicht in den Sinn kam zu fragen, wie jener Geschäftsbereich zu dem Projekt stehen würde. Das war unser erster Fehler. Außerdem war unsere Beratung zu dem Zeitpunkt nicht besonders gut ausgelastet und wir haben ehrlich gesagt jedes Projekt angenommen, das wir bekommen konnten. Also brachen wir förmlich in diesen Geschäftsbereich ein, sammelten alle Informationen, die wir bekommen konnten, und überlegten uns, wie man die Profitabilität steigern könnte. Der Leiter des Geschäftsbereichs und seine Mitarbeiter waren alles andere als kooperativ. Sie nahmen sich kaum Zeit für uns, und wenn wir zusammensaßen, hieß es immer nur: ‚Das haben wir alles schon einmal probiert.' Da der Zeitplan eng wurde, haben wir irgendwann auf die Abstimmung mit dem Geschäftsbereich verzichtet und dem Vorstand direkt unsere Vorschläge präsentiert. Das war unser zweiter Fehler. Zusätzlich haben wir dem Vorstand auch noch unsere Einschätzung mitgeteilt, dass einige der Mitarbeiter in dem Geschäftsbereich kaum geeignet seien, diese wichtigen Maßnahmen umzusetzen. Das war unser dritter Fehler – und der, über den ich mich persönlich heute am meisten ärgere. Das Ergebnis war, dass es viel Unmut und Ärger zwischen allen Beteiligten gab und keine der Maßnahmen umgesetzt wurde. Im Nachhinein wurde mir aber auch klar, dass der Klient ebenfalls zum Misserfolg beigetragen hat. Erster Fehler: Der Vorstand hat sich nie direkt mit dem Leiter des Geschäftsbereiches zusammengesetzt und erklärt, warum er das Projekt initiieren und dafür externe Berater einsetzen möchte. Zweiter Fehler: Der Leiter des Geschäftsbereiches hätte sich nicht passiv widersetzen dürfen, sondern sich entweder aktiv in die Entwicklung der Maßnahmen einbringen sollen, so dass die Realisierbarkeit sichergestellt worden wäre, oder er hätte sich direkt mit dem Vorstand über die Sinnhaftigkeit des Projektes und des Beratereinsatzes auseinandersetzen sollen. So war es für alle Beteiligten einfach nur blöd gelaufen. Und einen erhofften Folgeauftrag gab's von dem Vorstand auch nicht mehr."

(Ex-Berater)

Eine Tragödie par excellence. Natürlich kann man jetzt sagen, das hätte der Berater schon bei der Auftragsklärung ahnen müssen. Aber hätte nicht auch der Vorstand wissen müssen, was er seiner Organisation da zumutet und welche Reaktionen das Projekt auslösen würde? Und wie würden Sie das Verhalten des Bereichsleiters bewerten? Hier sind „situativ schlechte Berater" auf „situativ schlechte Klienten" gestoßen.

Tragödien liegen weder im Interesse des Klienten noch des Beraters – und sie sind vermeidbar.

Derartige Projekte machen weder Beratern noch Klienten Spaß. Es ist glaubhaft, dass weder Berater noch Klienten „Tragödien" aus reiner Lust oder böser Absicht inszenieren.

Und es sind genau Geschichten wie diese, die dazu geführt haben, dieses Buch zu schreiben. In der Hoffnung, dass sich zukünftig „Tragödien", „Einakter" und „Heldensagen" zu „Blockbustern" entwickeln werden. So schwer ist das nicht, wenn man nur die elementaren Dinge beachtet!

Ein wertschätzendes Miteinander

1 Eine wertschätzende Haltung gegenüber dem anderen einnehmen

Oder: Die eigene Haltung ehrlich zu reflektieren und sich von Vorurteilen und Befindlichkeiten freizumachen, das sind Fragen von Größe

Es gibt kein Unternehmen, in dem nicht zynisch über Berater gesprochen wird. Selbst wenn die betroffenen Mitarbeiter selber noch keine eigenen Erfahrungen gemacht haben – der Ruf eilt den Beratern voraus. Häufig sogar in Form von Witzen. Der wahrscheinlich gängigste:

Von Schafen und Schäferhunden

Ein junger Mann hält mit seinem Porsche bei einem Schäfer an und fragt ihn, ob er eines seiner Schafe bekäme, wenn er die genaue Zahl der Schafe in seiner Herde errät. Der Schäfer willigt ein. Nach Auswertung einiger Satellitenfotos und eines großen Excel-Sheets nennt der junge Mann dem Schäfer die richtige Zahl und sucht sich zur Belohnung ein Schaf aus der Herde aus. Darauf fragt ihn der Schäfer, ob er sein Schaf zurückbekäme, wenn er den Beruf des jungen Mannes richtig errät. Dieser willigt ein, und zu seiner Überraschung sagt der Schäfer: Unternehmensberater. Als der junge Mann ihn fragt, woher er das weiß, sagt der Schäfer:
„Erstens, Sie sind gekommen, ohne dass ich Sie gerufen habe.
Zweitens, Sie haben mir nur etwas verraten, was ich ohnehin schon wusste, wollten aber eine Gegenleistung.
Drittens, Sie haben keine Ahnung von der Materie – das Schaf, das Sie sich ausgesucht haben, ist nämlich mein Schäferhund!"

Jetzt sollte man aber nicht glauben, dass es nicht auch über Klienten verbreitete Klischees gibt. Es fehlt zwar an der kritischen Masse, um diese Klischees in Witze zu verpacken – aber der eine oder andere Lacher der Berater geht durchaus auf Kosten der Klienten.

Achtung: Die Grundvoraussetzung für ein wirksames und effizientes Projekt ist ein wertschätzendes Miteinander! Weder die eben besprochenen Fähigkeiten noch die richtige Einstellung zum Projekt sind hinreichende Kriterien für eine nachhaltige Veränderung im Zuge eines Beratungsprojektes.

Jeder der Beteiligten sollte zunächst zwischen Person und Rolle des Gegenübers unterscheiden. Jede Verhaltensweise kann entweder ein Resultat einer bestimmten Persönlichkeitsstruktur und/oder einer bestimmten Rolle sein. Ein Klient gibt sich vielleicht sehr kämpferisch im Widerstand gegen Veränderungen, obwohl er persönlich viel Wert auf Weiterentwicklung legt – besonders bei Mitgliedern des Betriebsrates ein häufiges Muster. Oder ein Berater tritt mit einer betonten Sachlichkeit und Härte auf, obwohl er persönlich eigentlich sehr beziehungsorientiert ist.

Auch wenn sich in einem Projekt die Rolle eines Klienten durchaus von der eines Beraters unterscheidet, ist es letztlich nicht klug, gegeneinander zu arbeiten. Für keinen der Beteiligten! Ein wirksames Projekt entsteht nur miteinander.

Es ist nur menschlich, der Rolle des Gegenübers mit gewissen Vorurteilen und Befürchtungen zu begegnen. Entweder gelingt es, sich von diesen zu befreien, oder man muss sie thematisieren. Noch natürlicher ist es, dass man nicht alle Personen mag, aber gezwungen ist, mit ihnen zusammenzuarbeiten. Dann muss man sich mit diesem Einzelfall auseinandersetzen.

Völlig ungerechtfertigt ist es allerdings, die Einzelperson aufgrund ihrer Rolle zu verurteilen („Berater/Klienten sind alle ..."). Und genauso ist die vorwärtsgerichtete Extrapolation von Erfahrungen ungerechtfertigt („Berater/Klienten waren bisher immer ..., und daher wird auch dieser so sein").

In echten „Blockbustern" sind die Beteiligten sicherlich auch nicht frei von Vorurteilen, Befindlichkeiten und Erfahrungen. Aber es gelingt ihnen, sich davon freizumachen und offen in die neue Situation zu begeben. Sinnvoll ist es, die Befindlichkeiten am Anfang des Projektes wertfrei anzusprechen und bestimmte Regeln für den Umgang miteinander zu „verhandeln".

Jetzt könnte man das Kapitel abkürzen und direkt zu den praktischen Tipps für beide Seiten übergehen:

- Stehen Sie über den Dingen, lösen Sie sich von Vorurteilen und gehen Sie unvoreingenommen in die Zusammenarbeit.

- Sprechen Sie schlechte Erfahrungen im Umgang mit der „anderen Seite" am Anfang der Zusammenarbeit an und versuchen Sie, diese Erfahrungen nicht zu wiederholen.

- Seien Sie sensibel hinsichtlich des Klischees Ihrer eigenen Rolle.

Aber so einfach ist das leider nicht. Und so soll es Aufgabe dieses Kapitels sein, für eine angemessene Haltung und für mehr Verständnis zu werben sowie die gängigsten Vorurteile zu durchleuchten und auf ihren Wahrheitsgehalt hin zu überprüfen.

1.1 Warum wird jemand Berater?

Warum entscheidet sich eigentlich jemand für einen Beruf, bei dem er mehr als 60 Stunden die Woche arbeitet, drei bis vier Nächte pro Woche im Hotel verbringt, Flugpläne besser kennt als seinen Familienstammbaum, ständig unter Druck steht und sich jeden Tag mit unangenehmen Forderungen seiner Projektleiter oder der Klienten auseinandersetzen muss?

Die häufigsten Antworten von Beratern auf diese Frage sind:

- spannende Themen,
- ständig neue Industrien und Fragestellungen,
- hochkarätige Klienten,
- steile (persönliche) Lernkurve,
- Chance auf viel Anerkennung, auch in Form von Geld,
- Teamarbeit,
- analytisches Arbeiten und
- Karriereperspektive oder Sprungbrett.

Die hinter diesen Motivationen liegenden Eigenschaften wie Neugier, Ehrgeiz, Disziplin und die Erwartung, dass Leistung anerkannt wird, entwickeln sich bei den Berufseinsteigern natürlich nicht über Nacht, sondern begleiten sie in der Regel schon seit vielen Jahren. Und damit ist klar, dass sich derart motivierte Menschen auch Organisationen suchen, die diese Bedürfnisse befriedigen beziehungsweise die entsprechenden Opportunitäten bieten.

Berater gehören oft zur Gruppe der „Insecure Overachiever"

In einem der großen Beratungshäuser wurde einmal das Label des „Insecure Overachievers" geprägt. Overachiever heißt in diesem Zusammenhang, dass die Mitarbeiter es durch die Bank gewohnt sind, überdurchschnittliche Leistung zu erbringen. Meistens schon von klein auf. Kaum einer, der nicht früher mal Klassensprecher war. Kaum einer mit durchschnittlichen Schulnoten. Ein Bewerber erzählte mir von der Absage einer der großen Strategieberatungen mit der Begründung, seine Abiturnote hätte keinen Einser-Schnitt, und man würde nur Menschen einstellen, die von Anfang an im Leben Top-Leistungen erbracht hätten. Dieser Bewerber hatte mittlerweile ein Einser-Diplom, war promoviert und hatte bereits erfolgreich ein eigenes Unternehmen gegründet. Und trotzdem reichte es nicht einmal für ein Bewerbungsgespräch.

Das „Insecure" in dem „Insecure Overachiever" spricht das Bedürfnis dieser Berater von positiver Anerkennung ihrer Leistung an. Und zwar auch in einem überdurchschnittlichen Maße. Daraus resultiert eine permanente Unsicherheit. Jetzt werden die meisten Leser den Kopf schütteln, wenn sie hören, dass die Mehrheit der Berater in höchstem Maße unsicher ist. Das ist darauf zurückzuführen, dass die Berater – wie die meisten anderen Menschen auch – gelernt haben, ihre Unsicherheit gut zu verstecken oder zu überspielen. Leider eben häufig mit einem überzogenen Selbstbewusstsein, welches zu vielen der typischen, kritisierten Verhaltensweisen führt.

Gleichzeitig ist dieses Muster des „Insecure Overachievers" aber auch der Motor der hohen Leistungsbereitschaft. Die Berater haben von Anfang an gelernt, dass eine gute Leistung zu Anerkennung führt. Und je mehr Leistung oder je besser das Ergebnis, desto mehr Anerkennung. Und die Lust oder das Bedürfnis nach Anerkennung kann zu einer Sucht werden.

Ein Beratungsunternehmen muss gar nicht viel dazu beitragen, dass die Berater ihren Leistungsantrieb erhalten. Es muss einerseits sicherstellen, dass sie immer spannende Projekte bekommen und nicht „herumsitzen" – sonst fehlt schlichtweg der Nährboden oder die Gelegenheit, Leistung zu erbringen. Und das macht Berater furchtbar nervös. Sollte es wirklich einmal dazu kommen, dass ein Berater gerade kein Projekt hat, findet er das in der Regel höchstens ein bis zwei Wochen entspannend, danach fängt es aber schon wieder an zu jucken.

Zum anderen ist Feedback das Lebenselixier eines „Insecure Overachievers". Er braucht die Rückmeldung und fordert sie auch ein. Dabei betont er, sich vor allem weiterentwickeln zu wollen. Aber es geht auch um Streicheleinheiten in Form von positiver Bestärkung. Und dieses Bedürfnis nutzen Beratungsunternehmen, um ihre Mitarbeiter immer weiter anzutreiben. Sie geben ihnen einfach regelmäßig Feedback in immer der gleichen Form: „Alles im grünen Bereich – Du bist total überdurchschnittlich (hier wird das Bedürfnis des Overachievers befriedigt, was seit Bestehen der Beratungshäuser zu einer nicht beherrschbaren Inflation der Evaluierungsnoten geführt hat), ... aber in der Dimension X musst Du schon noch ein wenig aufpassen, die ist noch nicht rund." In den nächsten Monaten wird der Berater mit all seiner Kraft an der Dimension X, zum Beispiel seiner analytischen Kreativität, arbeiten. Nach drei Monaten bekommt er dann das nächste Feedback: „Alles im grünen Bereich – toll, wie Du das mit X hinbekommen hast – total überdurchschnittlich. Aber jetzt, wo Du etwas weiter bist, musst Du unbedingt auf die Dimension Y achten, die ist noch nicht rund." Und der Berater läuft und läuft und läuft.

Dieser Mechanismus klingt sehr danach, dass die Berater bewusst ausgenutzt werden. Natürlich dient es den großen Beratungen, dass sie sich über die Motivation ihrer Mitarbeiter nur relativ wenig Gedanken machen müssen. Aber dieser Mechanismus wird in der Regel nicht bewusst gespielt. Es hat sich so ergeben. Und zwar getrieben von dem Persönlichkeitstyp der Berater. Die Berater mögen ja diese Art von Umfeld und suchen bewusst danach.

Bevor jetzt der Eindruck entsteht, alle Berater würden stereotyp über einen Kamm geschert, folgen ein paar zusätzliche Bemerkungen. Erstens funktioniert der eben beschriebene Mechanismus in der Regel unbewusst – und zwar sowohl bei den Beratern als auch bei den Beratungen. Zweitens gilt er natürlich nicht für alle Berater und schon gar nicht für alle Beratungen. Er gilt am ehesten bei den Beratungen, die sich auf die Rekrutierung von Berufseinsteigern fokussieren, und am wenigsten bei denen, die sich ausschließlich auf Experten mit langjähriger Berufserfahrung stützen. Dort greifen andere Leistungsmechanismen. Und drittens verändern sich die Motivationen und Treiber auch mit der Hierarchiestufe. Bei den Senior-Partnern der großen Beratungen geht es immer weniger um externe Anerkennung und immer mehr um Einfluss, Status und Macht. Da unterscheiden sie sich in keiner Weise vom Top-Management einer jeden anderen Organisation.

Berater sind in der Regel nicht altruistisch motiviert, sondern egoistisch

Haben Sie bei der Auflistung der Motivation, warum jemand Berater werden möchte (siehe Seite 64), einen Beweggrund vermisst? Fehlt Ihnen vielleicht ein „Ich helfe gerne Menschen und Organisationen dabei, ihre Probleme zu lösen"? Da muss ich Sie enttäuschen: Wirklich selbstlose Berater sind selten!

Das Fehlen von Selbstlosigkeit ist kein Phänomen unserer Zeit. Ein Senior-Partner einer der großen Strategieberatungen meinte dazu: „Das Ziel ist häufiger die Karriere, als ‚etwas bewegen zu wollen'. Wir waren aber auch in den Anfängen der Strategieberatung in Deutschland nicht altruistisch, sondern immer schon egoistisch motiviert. Für den einzelnen Berater ist es heute sowieso extrem schwierig, etwas ganz Großes zu bewegen. Da muss die Motivation woanders herkommen."

Wie passt das aber nun mit der Tatsache zusammen, dass eigentlich alle Beratungen als ihren wichtigsten Wert „Clients first" proklamieren? Hier muss man zwischen dem Zweck der Unternehmung „Beratung" und der persönlichen Motivation der Menschen „Berater" unterscheiden. Der Zweck von Beratungen liegt durchaus darin, Organisationen bei der Lösung ihrer Probleme zu unterstützen. Aber für den einzelnen Mitarbeiter ist dies in der Regel nur Mittel zum (persönlichen) Zweck, um die obengenannten Motivationen zu befriedigen. Solange der Klient zufrieden ist, kann man sich länger in diesem attraktiven Umfeld bewegen.

Natürlich ist der Wert „Clients first" sehr tief verankert und regelt tatsächlich den Alltag der Berater. Was tut ein Berater, wenn er gerade mit etwas Wichtigem beschäftigt ist und ein Klient ruft an? Er geht ans Telefon. Zur Not auch um Mitternacht und oft sogar am Wochenende. Und wenn er seinen Kollegen oder auch den privaten Freunden eine Verabredung absagt? Die Entschuldigung „ein wichtiger Kliententermin" oder „eine plötzliche Anfrage vom Klienten" sind die universell einsetzbaren Entschuldigungen für fast jede Art von (Fehl-)Verhalten. Und zumindest unter Kollegen wird diese Entschuldigung immer akzeptiert. Wohl dem, der andere Werte hat, die noch tiefer verankert sind.

Aber noch einmal, dies ist kein Selbstzweck. Es geht vor allem darum, die Quelle von persönlichem Erfolg und Anerkennung nicht versiegen zu lassen. Ein zufriedener Klient ist eine notwendige Voraussetzung für ein gutes Feedback an einen Berater.

Und all das Genannte ist überhaupt nicht schlimm. Für ein wirksames Projekt und die Lösung seines Problems braucht der Klient ja gerade jemanden, der hochmotiviert ist, schwierige und komplizierte Nüsse zu knacken. Dass es dem Berater im Zweifel egal ist, wem das Problem gehört, kann dem Klienten wiederum weitgehend egal sein. Solange er sich dessen bewusst ist! Und solange er nicht erwartet, dass sein Berater auch automatisch sein bester Freund werden muss. Aber das erwartet ja sowieso niemand.

Neben den typischen Motivationen eines Beraters ist es auch wichtig, noch einen besseren Eindruck davon zu erhalten, in welchem beruflichen Umfeld sie sich bewegen und inwiefern sie von diesem Umfeld auch geprägt werden.

Beratung ist mittlerweile kein exotischer Job mehr

Beratung ist mittlerweile kein exotischer Job mehr, aber bis hin zu Zeiten der Internetblase war das noch so. Als überdurchschnittlich motivierter Berufseinsteiger wurde man entweder Berater, Investmentbanker oder versuchte, mit einem Start-up-Unternehmen Millionär zu werden. Beratung ist heute Mainstream. Es gibt zwar noch einige Unternehmen, die aufgrund ihrer spezifischen Kultur eine „Außergewöhnlichkeit" bieten. Aber die Tätigkeit an sich garantiert das nicht mehr.

Der sogenannte „War for Talents", an dem sich mittlerweile alle großen Industrieunternehmen und alle „kleinen, aber feinen" Unternehmen beteiligen, trägt das Übrige dazu bei, dass die großen Unternehmensberatungen sich ordentlich strecken müssen, um für die Berufseinsteiger attraktiv zu bleiben, die sie zur Erfüllung ihres Markenversprechens brauchen.

Und dabei bedienen sie sich des Kriterienkatalogs, der oben aufgeführt ist: Spannende Themen bei wichtigen Klienten, eine steile Lernkurve durch viel Abwechslung und die Chance auf Anerkennung. Und in der Regel bieten die großen Beratungen diese Opportunitäten auch tatsächlich und versprechen sie nicht nur den Bewerbern im Recruiting-Prozess.

Dazu kommen in den meisten der großen Beratungen allerdings noch zwei weitere wichtige Zutaten. Die sind wichtig für den Erfolg des Beratungsunternehmens, welches die Besten der Besten natürlich gerne halten möchte. Und wichtig für Sie als Leser, um nachzuvollziehen, in welcher Weise der einzelne Berater von seinem umgebenden System geprägt wird.

Da ist auf der einen Seite das „Up or Out"-Prinzip. Entweder man wächst, oder es wird einem nahegelegt, nach einem anderen Job zu suchen. Auch wenn der Prozess in der Regel sehr sozial verträglich abläuft (Abfindungen, Unterstützung bei der Jobsuche, keine Deadline usw.), ist dieses Prinzip natürlich ein Druckmittel. Man könnte es auch als Machtinstrument bezeichnen. Es sorgt dafür, dass die einzelnen Berater getreu ihren persönlichen Werten immer darauf fixiert bleiben, die nächste Stufe zu erreichen. Und es greift den Berater als „Insecure Overachiever" natürlich genau wieder an seiner größten Verführbarkeit an.

Für viele Leser klingt das „Up or Out"-Prinzip vielleicht sehr abschreckend. Aber erstens passt es gut zum Persönlichkeitstyp der Berater, für die Stillstand sowieso Rückschritt bedeutet. Er will ja immer weiterkommen. Und zweitens hat es auch seine guten Seiten. Befördert wird nur der Berater, der die notwendige Kompetenz für die nächst höhere Karrierestufe zumindest ansatzweise bereits unter Beweis gestellt hat; im Gegensatz zu den meisten Wirtschaftsunternehmen, bei denen eine Beförderung eine Belohnung für eine Leistung auf der aktuellen Karrierestufe darstellt. Damit wird das „Peterchen-Prinzip" bei Beratungen weitgehend eliminiert. Ein weiterer Vorteil besteht darin, dass niemand 20 Jahre lang auf der gleichen Karrierestufe sitzenbleibt und irgendwann deutlich mehr Erfahrung hat als sein Chef. Diese Art von Spannung, die es bei Beratungen in der Form nicht gibt, dürfte jedem Mitarbeiter eines „normalen" Unternehmens durchaus bekannt sein.

Die zweite wichtige Zutat ist das „Pampern". Den Einsteigern und jungen Beratern wird suggeriert, Teil einer Elite zu sein: die Besten der Besten. Ausgewählt in einem höchst anspruchsvollen Bewerbungsprozess, bei dem nur 1 Prozent der Bewerber überhaupt ein Angebot erhalten. Und dann lockt ein Leben auf der Überholspur. Mit Business Class, tollen Hotels und großzügigen Betriebsausflügen.

Vom „War for Talents", Eliten und Beratern

Zum großen Teil ist dieses Gebaren dem „War for Talents" zuzuschreiben. Und diese Idee einer Elite ist eben für die Menschen attraktiv, die wiederum für Beratungen attraktiv sind.

Und auch wenn jetzt sehr dünnes Eis betreten wird: Zumindest einige der Unternehmensberatungen kann man tatsächlich als Elite bezeichnen, wenn man sich darauf einigt, dass sich „Elite" in diesem Fall auf eine überdurchschnittliche Motivation, auf Ehrgeiz, Leistungsbereitschaft und auch auf Leistungsfähigkeit bezieht. Es gibt wenige Unternehmen, in denen sich eine solche Dichte an Talenten finden lässt.

Aber wir reden natürlich von Durchschnittswerten. Und aufgrund der Normalverteilung steht es außer Frage, dass nicht jeder Berater ehrgeiziger oder schlauer ist als sein Klient. Es wird immer Klienten geben, denen kein Berater das Wasser reichen kann. Und es gibt viele Klienten, die einen Vergleich selbst mit den Überfliegern der Beratungsbranche nicht zu fürchten brauchen. Nur ist das noch nicht in allen Beraterköpfen angekommen und führt immer wieder mal zu unangemessenen Verhaltensweisen – aber darauf wird im nächsten Kapitel noch eingegangen.

Eine systemische Analyse von Beratungsunternehmen würde den Rahmen dieses Buches sprengen. Natürlich sind die einzelnen Mechanismen und Prägungen noch sehr viel komplexer. Aber die hier beschriebenen Faktoren sollten ausreichen, um sich in die Lage der Berater zu versetzen und einen ersten Eindruck von ihrer Situation zu bekommen.

Fazit

Berater sind ganz normale Menschen, die über eine besondere Kombination von persönlichen Treibern und Werten verfügen. Und diese Treiber und Werte bringen sie dazu, sich Organisationen anzuschließen, die genau diese Bedürfnisse erfüllen. Das ist weder gut noch schlecht, noch verwerflich. So funktionieren Menschen und so funktionieren Organisationen.

Als Klient muss man dieses Lebensmodell auch nicht mögen. Aber man sollte akzeptieren, dass andere es tun. Das ist die Grundlage einer konstruktiven, wertschätzenden Haltung dem anderen gegenüber.

1.2 Was zeichnet einen typischen Klienten aus?

Freitag, 16 Uhr – noch zwei Stunden bis zum Feierabend des Klienten. Abschluss eines Meetings mit einem Berater, in dem ein paar nächste Schritte vereinbart wurden, die dringend bis Montag noch zu erledigen sind.

Berater: „Wollen wir kurz überlegen, wie wir diese Aufgaben zwischen uns aufteilen?"

Klient: „Wieso, das machen Sie doch alles, oder?"

Berater: „Nun, wenn wir beide anpacken, muss keiner von uns am Wochenende ran."

Klient: „Na ja, der Unterschied ist, Sie wollen doch noch Karriere machen, oder? Sehen Sie, ich nicht!"

Na klar – dieses Beispiel spiegelt in keiner Weise einen typischen Klienten wider. Den typischen Klienten gibt es gar nicht. Der größte Unterschied zwischen „normalen" Organisationen und Beratungen ist eine deutlich größere Bandbreite an Persönlichkeiten und Motivationen.

Manager auf der Top-Ebene unterscheiden sich oft wenig vom Typ des Beraters – Mitarbeiter auf den unteren Ebenen dagegen sehr.

Viele Klienten, zumindest auf den höheren Hierarchiestufen, haben ganz ähnliche Motivationen und Werte wie Berater. Auch sie sind hochmotiviert, ehrgeizig sowie überdurchschnittlich leistungsbereit und leistungsfähig. Auch sie sehen sich ständig mit neuen Herausforderungen konfrontiert und kämpfen um ihre Work-Life-Balance. Und auch sie sind durch Anerkennung motiviert.

Aber es gibt eben auch viele Klienten, für die stellt sich das Arbeitsleben anders dar.

Zwei meiner Interviewpartner, beide ehemalige Berater und mittlerweile in führenden Positionen bei Linienorganisationen, haben von ihren wichtigsten Erfahrungen beim Wechsel aus der Beratung heraus erzählt. Der Fokus lag dabei auf der Frage, was Berater unbedingt über Klienten wissen müssen, um deren Situation besser zu verstehen. Die Liste ist sicherlich nicht vollständig, stößt aber hoffentlich den einen oder anderen Umdenkprozess an:

- Die Mitarbeiter in Klientenorganisationen arbeiten über viele Jahre zusammen, nicht nur für ein paar Wochen oder Monate. Damit spielen die Beziehungen zwischen den Menschen eine viel größere Rolle als bei Beratern. Und jeder hat Kollegen, mit denen er sich gerne umgibt, und andere, die er nicht mag.

- Viele Mitarbeiter haben andere Interessen und Prioritäten. Die Arbeit steht nicht immer an erster Stelle. Daher kann man nicht von jedem eine „überdurchschnittliche" Motivation erwarten.

- Die Mitarbeiter leben viel mehr in der Historie als in der Zukunft. Ihre Glaubenssätze sind geprägt von „abgehangenen" Erfahrungen. Und diese Glaubenssätze muss der Berater kennen, wenn er die Organisation verändern möchte.

- Es ist viel schwieriger, eine Leistungsmessung durchzusetzen und offenes Feedback zu geben. Die meisten Mitarbeiter habe eine enge Komfortzone.

- Klienten haben viel mehr Stakeholder als Berater, gerade, wenn es um Entscheidungsprozesse geht.

- Die Wirkungskette zwischen Leistung des Unternehmens und Erwartungen der unterschiedlichen Stakeholder (Kapitalmarkt, Banken, Mitarbeiter, Management, Ratingagenturen, Kunden, Lieferanten, Betriebsrat usw.) ist komplexer, als Berater in der Regel berücksichtigen. Kontinuität ist wichtig für die Glaubwürdigkeit der Strategie und des Top-Managements – Veränderungen müssen ausführlich und nachvollziehbar erklärt werden.

Klienten sind vor allem eines: Betroffen!

Darüber hinaus gibt es einen ganz wesentlichen Unterschied zwischen Beratern und Klienten, wenn sie in einem Projekt zusammenarbeiten: Die Klienten sind betroffen!

Dem Klient geht es in dem Projekt um seinen Arbeitsalltag. Er soll jetzt zusätzlich zu seinen Aufgaben etwas erledigen. Er soll an Inhalten arbeiten, die seine Routinen verändern werden. Er soll vielleicht zukünftig auf seine Privilegien verzichten oder akzeptieren, dass er im Verhältnis zu anderen Kollegen an Macht und Einfluss verliert.

Das alleine ist schon schwer zu ertragen. Aber dann kommt da auch noch einer und wirft ihm als Klienten seine eigene Unzulänglichkeit vor, indem er seine Defizite für jedermann sichtbar auf Slides schreibt. Das ist schwer zu akzeptieren. Und als wäre das noch nicht genug, wird dem Klienten auch noch gesagt, er solle diesem Berater und seinen Ideen unbefangen und offen gegenübertreten. Warum sollte er all das tun?

Diese vielleicht beste aller Fragen von Klienten gilt es für jedes Projekt aufs Neue zu beantworten. Aber damit beschäftigen wir uns im letzten Kapitel, in dem es um den Zusammenhang von operativen Aufgaben und Verantwortlichkeiten in Beratungsprojekten geht.

An dieser Stelle geht es vor allem darum, dass sich Berater etwas besser in die „typische" Situation von Klienten hineinversetzen können.

Zwischenfazit

Klienten sind – genau wie Berater – ganz normale Menschen, allerdings mit einer viel größeren Bandbreite an Motivationen und Werten. Hier dominiert nicht ein bestimmtes Lebensmodell, sondern es gibt unzählige Varianten. Und Klienten begegnen Projekten aufgrund ihrer eigenen Betroffenheit mit einer Vielzahl an Befindlichkeiten und oft sogar Ängsten.

Der Berater stellt für den Klienten eine Bedrohung dar

Bei der Beschreibung des „typischen Beraters" wurde etwas böse formuliert, dass der Klient vielen Beratern als Mensch relativ egal ist, solange er nur genügend Nüsse heranschafft, die man knacken kann. Andersherum ist der Berater dem Klienten nicht egal, da er die Projektionsfläche für seine Befindlichkeiten und Ängste darstellt. Als Mensch dürfte auch der Berater für die meisten Klienten unwichtig sein. Aber in seiner Rolle stellt er eine Bedrohung dar. Er steht für das Vorhaben, liebgewonnene Routinen zu verändern. Er argumentiert das ja auch lautstark. Und der Klient sieht, dass der Berater viel Zeit mit seinen Vorgesetzten verbringt, ohne zu wissen, worüber sie sprechen. Er sieht nur, dass seine Chefs zuhören. Muss er sich Sorgen um seine Zukunft machen? Was, wenn sich alle seine Vorurteile über Berater bestätigen? Er sieht ja (vielleicht) ein, dass sich etwas ändern muss, aber er würde das gerne kontrollieren. Und das kann er nicht, solange die Berater das Ruder in der Hand halten.

Die Kehrseite der Medaille – „der Berater stellt für den Klienten eine Bedrohung dar" – ist allerdings die wichtige Funktion des Beraters, als Projektionsfläche zu dienen. Alle seine Befindlichkeiten und Ängste kann der Klient argumentativ dem Berater um den Hals hängen. Die gängigen Vorurteile bieten ausreichend Motivation dafür. Er muss ja nur sagen, „Berater erstellen sowieso nur Konzepte für die Schublade", und schon nicken alle um ihn herum und haben Verständnis dafür, dass er sich nicht mit voller Kraft einbringt.

Um noch einmal den Satz von oben zu wiederholen: Das ist weder gut noch schlecht, noch verwerflich. Es ist nur gut, sich dessen bewusst zu sein, um den jeweils anderen besser zu verstehen.

1.3 Eine ideale Haltung spiegelt sich in verschiedenen Dimensionen

Vielleicht sind wir ja jetzt an dem Punkt, an dem Sie als betroffener Leser etwas besser nachvollziehen können, was Ihrem Gegenüber so durch den Kopf geht und was ihn treibt.

Mit dem Verstehen alleine ist allerdings eine ideale Haltung für ein konstruktives und wirksames Miteinander noch nicht garantiert. Entweder verfügt man über die notwendige persönliche Größe, sich von den eigenen Vorurteilen freizumachen und die persönlichen Befindlichkeiten zu neutralisieren, oder aber man muss sich bewusst dafür entscheiden.

Und das gilt in Bezug auf die Person des Gegenübers wie auch auf seine Rolle. Und keine Übertragungen mehr, bitte!

Goldene Regel Nummer 5 (Klienten und Berater)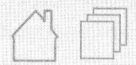

Befreie Dich von Deinen Vorurteilen und persönlichen Befindlichkeiten und begegne Deinem Gegenüber mit der gleichen Haltung, die Du Dir von ihm wünschst.

Der Vorstand eines Dax-30-Konzerns meinte auf meine Frage, wie er für sich sicherstelle, dass er dem Berater mit einer wertschätzenden Haltung begegnen kann: „Ich frage mich, ob ich den Berater auf eine Reise mitnehmen würde. Wenn das passt – und das ist eine Frage der kompatiblen Persönlichkeitsstruktur –, dann stimmt auch der Rest. Das Fachliche könnte er sich zur Not kurzfristig draufschaffen."

Wohlgemerkt, auf Vorstandsebene gelten diesbezüglich etwas andere Regeln als auf der „Arbeitsebene". Erstens hat der entsprechende Klient weniger direkten Einfluss auf die Auswahl der einzelnen Mitglieder eines Beratungsteams. Und zweitens haben Klienten auf Vorstandsebene in vielen Fällen deutlich weniger Befindlichkeiten in Bezug auf die Rolle des Beraters und in Bezug auf die geplante Veränderung – da sie mehr Kontrolle über die Ausrichtung der Veränderung haben.

Nun zu den Ausprägungen einer wertschätzenden Haltung: Woran merkt man, dass die gegenseitige Haltung die Wirksamkeit und Effizienz des Projektes fördert? Die Appelle gehen übrigens sowohl in Richtung der Berater wie auch der Klienten:

• Offenheit und (schonungslose) Ehrlichkeit,
• Integrität,
• Vertrauen,
• Respekt der Person gegenüber,
• Wertschätzung der Rolle des anderen.

Offenheit und (schonungslose) Ehrlichkeit

Eine Grundvoraussetzung für Offenheit und Ehrlichkeit ist, dass sich beide Seiten nicht als Konkurrenten betrachten. Konkurrenz tritt schnell auf, wenn es um die Frage geht, wer bestimmte Inhalte und Ideen denn nun hervorgebracht hat.

Sobald taktische Überlegungen im Spiel sind, ist ein offenes und ehrliches Miteinander kaum noch möglich. Gleichzeitig ist es aber unabdingbar für ein nachhaltig wirksames und effizientes Projekt, dass beide Parteien ihre Motivationen – auch wenn diese konträr sind – und Überlegungen offenlegen und den jeweils anderen einbeziehen. Es geht auch darum, keine Informationen bewusst zu kanalisieren oder vorzuenthalten. Es ist, wie oben beschrieben, absolute Normalität, dass in der Gemengelage eines Beratungsprojektes unterschiedliche Meinungen und Interessen aufeinanderprallen und miteinander in Konflikt geraten. Die einzige Möglichkeit, damit effektiv und effizient umzugehen, ist sie an- und auszusprechen und gemeinsam nach Alternativen zu suchen.

Ein Berater kann nur gut beraten, wenn ihn der Klient offen und ehrlich in seine Überlegungen einbezieht.

Die vielzitierte „hidden agenda" ist kontraproduktiv. Es ist wichtig, allen Parteien gegenüber mit gleicher Sprache zu sprechen. Es kann immer vorkommen, dass aus Gründen der Vertraulichkeit bestimmte Informationen spezifischen Zielgruppen nicht oder nicht zum gegebenen Zeitpunkt weitergegeben werden können. Aber es sollte nicht passieren, dass unterschiedlichen Gruppen divergierende Informationen zugestellt werden.

Vor allem in Richtung der Berater geht an dieser Stelle der Appell, dem Klienten offen und ehrlich seine Wahrnehmung der Situation zurückzuspielen. Und hierauf bezieht sich das Wörtchen „schonungslos" in der Überschrift dieses Abschnitts. Ein Klient hat nichts davon, wenn der Berater ihm Honig um den Bart schmiert. Es kann ab und zu ganz angenehm sein, ein wenig gehuldigt zu werden, aber das löst keine Probleme. Der Berater muss auch das Rückgrat haben, dem Klienten klar zu widersprechen, wenn er anderer Meinung ist. Oder das Selbstbild des Klienten mit seinem Fremdbild abzugleichen – zumindest sofern das der Diagnose des ursächlichen Problems oder der Wirksamkeit des Projektes zuträglich ist.

Hier geht es also um ehrliches Feedback in beide Richtungen. Und alle Beteiligten sind in der Verantwortung, nicht nur ehrliches Feedback anzubieten, sondern auch eine Atmosphäre zu schaffen, in der es für den anderen risikofrei ist, ehrliches Feedback zu geben. Für die detaillierten Spielregeln für Feedback geben und Feedback empfangen sei auf die entsprechende Literatur über „Führungsthemen" verwiesen.

Und natürlich bezieht sich die geforderte Offenheit und Ehrlichkeit sowohl auf sachliche wie auch auf persönliche und beziehungsorientierte Themen.

Integrität

Wenn Ehrlichkeit bedeutet, seine Worte in Einklang mit der Realität zu bringen, dann bedeutet Integrität, die Wirklichkeit in Einklang mit seinen Worten zu bringen.

Kurz, man verhält sich entsprechend des Eindrucks, der aufgrund der eigenen Worte beim Gegenüber entstanden ist. Sie merken, dass Integrität mit dieser versuchten Definition zu einem Orden wird, den man sich nicht selber anhängen kann. Integrität wird immer als Auszeichnung von anderen verliehen. Das macht es ja so schwer.

Gleichzeitig ist dies der Grund, warum Integrität eine der wichtigsten Ausprägungen einer wertschätzenden Haltung ist – es bedingt, sich auf die Perspektive des anderen einzulassen. Es gilt zu verstehen, wie man kommunizieren muss, damit der Eindruck entsteht, der zu den eigenen Überzeugungen und dem eigenen Verhalten passt. Und es gilt zu verstehen, wie die eigenen Überzeugungen und das eigene Verhalten von anderen interpretiert werden. Man muss sich also sehr gründlich und redlich mit seinem Gegenüber auseinandersetzen. Die beste Voraussetzung für eine ideale Haltung!

Etwas salopper und handlungsorientierter formuliert bedeutet Integrität, dass man immer das tut, was man ankündigt. Und dass man so ist, wie man sich darstellt (beispielsweise in Bezug auf die eigenen Fähigkeiten).

Vertrauen

Entsteht denn nun Vertrauen aus Offenheit, Ehrlichkeit und Integrität? Oder ist vielmehr Vertrauen eine Grundvoraussetzung für diese drei Eigenschaften? Diese Frage ist genauso müßig wie die nach der Henne und dem Ei. Das eine bedingt das andere. Irgendwo muss man anfangen – und das setzt eine bewusste Entscheidung für sein Gegenüber und für das Interesse an einem wirksamen Projekt voraus. Man entscheidet sich einfach dafür, seinem Gegenüber zu vertrauen. Vielleicht zuerst in kleinen und später in immer größer werdenden Schritten. Hier zeigt sich, ob der entsprechende Berater oder Klient einen proaktiven Lebensstil pflegt oder reaktiv darauf wartet, dass der andere den ersten Schritt macht.

Der Klient muss dem Berater vertrauen, dass er trotz des Mangels an Selbstlosigkeit in seinem Interesse handelt. Und zwar nach bestem Wissen und Gewissen. Übrigens wird dies auch dazu führen, dass der Berater sehr viel von seinem Profilierungsgehabe einstellen könnte. Aber dazu kommen wir noch im folgenden Kapitel.

Auf der anderen Seite muss der Berater dem Klient vertrauen, dass der schon weiß, was er will. Wenn sich ein Klient für oder gegen einen Rat entscheidet, wird er schon seine guten Gründe haben – auch wenn diese jenseits des Betrachtungshorizontes oder Verständnisses des Beraters liegen. Der Klient ist mündig und trägt in letzter Instanz die Verantwortung für seine Entscheidungen. Berater sollten Klienten auch dahingehend vertrauen, dass sie sich nicht aus schlechter Absicht in die Situation gebracht haben, in der sie gerade stecken, sondern nach bestem Wissen und Gewissen gehandelt haben.

Vertrauen ist noch mehr als Ehrlichkeit und Integrität eine Frage der persönlichen Beziehung. Und hier verankert sich auch eines der Kriterien bei der Wahl des richtigen Beraters, welches wir im ersten Kapitel besprochen haben: Anstatt bei jeder Frage nach einem neuen, vielleicht inhaltlich besser passenden Berater zu suchen, nimmt sich der Klient lieber den, dem er seit längerer Zeit vertraut.

Dies spiegelt auch der Kommentar des Deutschland-Chefs eines Herstellers von Konsumgütern wider: „Es gibt genau einen Berater aus einem der großen Beratungshäuser, den ich jetzt schon seit einigen Jahren kenne und dem ich völlig vertraue. Mit ihm würde ich nicht nur jedes Projekt machen – in dem Vertrauen, dass er mir im Zweifel seine Grenzen aufzeigen und sich Unterstützung holen würde –, sondern ich würde es auch nicht akzeptieren, wenn sein Arbeitgeber mir plötzlich jemand anderen schicken würde." Im weiteren Verlauf erfuhr ich, dass dieses Vertrauen durch genau die hier beschriebenen Faktoren Offenheit, Ehrlichkeit und Integrität – vielleicht noch gepaart mit einer hohen fachlichen Kompetenz des Beraters – sehr schnell entstanden und dann lange gewachsen ist. Dieser Klient trifft sich vor allem auch regelmäßig mit dem Berater, um über den Prozess und die Beziehung zu sprechen, und explizit nicht über die jeweiligen Inhalte. Im Zuge der Interviews habe ich auch den Berater kennengelernt – und beide sprachen, bei allen kritischen Spitzen, sehr wohlwollend voneinander.

Respekt der Person gegenüber

Eine häufige Definition eines respektvollen Umgangs miteinander ist: „Ich behandle den anderen so, wie ich selbst behandelt werden möchte." Aus meiner Sicht ist das zu kurz gesprungen, da es dabei nur um „mich" geht und die Person meines Gegenübers komplett ignoriert wird. Ein respektvoller Umgang bedeutet für mich, „mein Verhalten einem anderen gegenüber ist mit unser beider Interessen und Befindlichkeiten im Einklang". Es geht also nicht um Selbstlosigkeit oder gar Selbstaufgabe – aber eben auch nicht um Egoismus. Es geht um ein Miteinander. Um eine Win-win-Situation.

Berater sind sowieso schon Getriebene, da muss der Klient nicht noch Öl ins Feuer gießen und Meetings für Montagmorgen um 8.00 Uhr ansetzen, damit der Berater auch ja am Sonntagabend anreisen muss. Und Sprüche im Sinne von „Und wie viel Erfahrung haben Sie schon in meiner Industrie?" sollte er sich im laufenden Projekt ebenfalls verkneifen. Es ist kontraproduktiv, den Druck noch weiter zu erhöhen, denn er ist meist so schon hoch genug.

> **Den besten Rat bekommt ein Klient von einem Berater, der Spaß daran hat, mit ihm zu arbeiten und für ihn Probleme zu lösen.**

Andererseits muss der Berater einem Klienten, der seine Routinen mag und nicht mit Jubel auf die vorgeschlagene Veränderung reagiert, nicht noch mit unangemessener Sachlichkeit begegnen und ihm Unwillen vorwerfen. Oder sich bei einem Klienten mit Wissen und Expertise profilieren, der gerade selber bemüht ist, neben dem „ach so schlauen Berater" vor seinem Chef immer noch gut auszusehen. Und die Einstellung: „Das Projekt ist ja eh bald vorbei, dann wird der Klient schon sehen, wo er bleibt – ich bin dann mal weg" entspricht auch nicht einem partnerschaftlichen Ansatz.

> **Der Klient, den der Berater dabei unterstützt, dass er sich persönlich und/oder beruflich weiterentwickelt, schätzt auch den Wert der Beziehung und der Person des Beraters.**

„Zu einem partnerschaftlichen Ansatz gehört, nicht nur Freude,
sondern auch Leid zu teilen."

(Partner, globale Strategieberatung)

Wertschätzung der Rolle des anderen

Unabhängig von der Person und der Persönlichkeit mit all ihren Bedürfnissen, Befindlichkeiten und Vorurteilen unterscheidet sich die Rolle von Klienten und Beratern in gemeinsamen Projekten.

Die Aufgabe des Beraters ist es üblicherweise, eine Veränderung beim Klienten zu initiieren, sei es nun hinsichtlich eines Umdenkprozesses, oder auch konkreter Handlungen, Abläufe und Entscheidungen. Konkreter formuliert umfasst die Rolle des Beraters dabei,

• Transparenz über die Notwendigkeit und Chancen einer Veränderung herzustellen, das heißt, die Defizite oder Opportunitäten der Klientenorganisation aufzuzeigen,

• bestehende Glaubenssätze und Abläufe in Frage zu stellen,

• die Qualität von Ergebnissen, auch derer der Klienten, sicherzustellen,

• Prozesse voranzutreiben – vor allem bei den Aktivitäten, die von Teammitgliedern des Klienten verantwortet werden,

• ungeliebte Einsichten auch gegen den Widerstand der Organisation zu argumentieren.

„Berater brauchen eine bestimmte Persönlichkeitsstruktur, um ihre
Aufgabe zu erledigen. Dazu gehört auch ein Fokus auf Inhalte und
eine gewisse Härte im Umgang mit Konflikten. Dabei geht es nicht
um Selbstzweck, sondern um eine oft notwendige Haltung, um ein
Ziel (des Auftraggebers) gegen die Widerstände einzelner Klienten
durchzusetzen."

(Strategischer Direktor, Industriegüterunternehmen)

Die Rolle des Beraters birgt damit ein hohes Konfliktpotential. Allerdings geht es dabei eher um den Umgang mit Widerständen oder mit Zielkonflikten zwischen den unterschiedlichen Beteiligten in einem, in der Regel komplexen, Beratungsprojekt. Es gibt wenige persönliche Konflikte im

Zusammenhang mit einem Beratungsprojekt. Spezielle Klienten oder Industrien, die ein Berater prinzipiell aus ethischen Gesichtspunkten ablehnt, sind eher selten. Grundsätzliche Diskussionen gibt es bestenfalls einmal im Zusammenhang mit der Tabakindustrie, Waffenindustrie oder bei Einsätzen in bestimmten Staaten.

Klienten sind viel häufiger in dem persönlichen Rollenkonflikt gefangen, dass sie einerseits die Aufgabe haben, ein Projekt nach Kräften zu unterstützen und die Veränderung aktiv voranzutreiben, ihre eigenen Interessen oder Prioritäten andererseits aber woanders liegen.

Die „offizielle" Rolle von Klienten in Beratungsprojekten könnte man klischeehaft so umschreiben:

• Er übernimmt die Verantwortung für die Umsetzung der „besten Lösung" für sein Problem.

• Er bringt sich aktiv in den Prozess der Beratung ein und gestaltet die Lösung im eigenen Interesse mit.

• Er bringt vor allem auch das Wissen über seine eigene Organisation ein, welches für die Identifizierung der besten Lösung im Sinne der Realisierbarkeit notwendig ist.

• Er unterstützt die Berater nach bestem Wissen und Gewissen.

• Er steht hinter dem Berater und den erarbeiteten Lösungen – auch gegen den Widerstand aus seiner eigenen Organisation.

Das klingt an dieser Stelle sehr idealistisch, und mit der Konnotation „offiziell" wird natürlich auch suggeriert, dass der eine oder andere Klient – der beim Lesen dieser Zeilen vielleicht gerade schmunzelt – seine Rolle etwas anders versteht. Aber später, im Kapitel über die operativen Verantwortlichkeiten beider Seiten, werden die Bedeutung dieses Rollenverständnisses und die daraus abzuleitenden Aktivitäten für das Gelingen eines Projektes – und damit seiner Wirksamkeit – noch dreifach unterstrichen.

Zunächst aber noch das Zugeständnis an ein völlig nachvollziehbares, „inoffizielles" Rollenverständnis einiger Klienten:

- Ich muss meine Interessen und die meiner Mitarbeiter vertreten.

- Ich muss die Mitarbeiter in meinem Verantwortungsbereich gegen die Angriffe der Berater schützen.

- Ich muss darauf achten, unsere Organisation nicht durch zu hohe Ansprüche oder ein zu hohes Tempo zu überfordern.

- Ich muss das Selbstbewusstsein unserer Organisation hochhalten und erklären, dass es einen guten Grund hat, wie wir in die aktuelle Situation geraten sind.

Man könnte diese Ausprägung auch als eine Beschützer- und Bewahrerrolle bezeichnen.

Gerade in Krisenzeiten, in denen viele Unternehmen massive Restrukturierungen durchführen müssen, ist dieser Rollenkonflikt gut zu beobachten. In den Gesprächen mit Beratern und Klienten hört man immer die gleiche Schilderung: Obwohl klare Restrukturierungsziele – für jeden Bereich nachvollziehbar – vorgegeben wurden, versucht jeder Bereichsleiter, sein Umfeld so weit wie möglich vor Veränderungen zu schützen. Und egal, ob dies nun aus egoistischen, machtgetriebenen Motiven oder tatsächlich aus Fürsorge geschieht, man kann jedem dieser Bereichsleiter gerne unterstellen, dass ihm die Notwendigkeit der Veränderungen völlig klar ist. Es ist nur zu verständlich, dass es die Bereichsleiter in derlei Situationen nicht gerade leicht haben. Die persönlichen Konflikte sorgen gewiss für die eine oder andere schlaflose Nacht.

Was heißt das nun für Klienten und Berater in Bezug auf die jeweilige Haltung dem anderen gegenüber? Der Appell sollte in Richtung Verständnis und Wertschätzung füreinander gehen.

Der Klient muss nicht gutheißen, dass ein Berater mit betonter Härte und Sachlichkeit auftritt. Aber er sollte verstehen, warum dieser es tut, und ihm im Zweifel zugute halten, dass er sich vielleicht nur aus seinem eigenen Rollenverständnis oder einer bestimmten Persönlichkeitsstruktur heraus so verhält. Das macht ihn nicht per se zu einem schlechten Menschen oder einem Menschen mit schlechten Absichten.

Der Berater wiederum muss nicht gutheißen, dass ein Klient sich gegen die sinnvollste oder „beste Lösung" sträubt. Aber er sollte verstehen, warum dieser es tut, und ihm im Zweifel zugute halten, dass er vielleicht nur aus seinem eigenen Rollenverständnis heraus so handelt oder eben aus bestimmten beschützenden oder bewahrenden Absichten heraus.

Es sollte jetzt keine Diskussion über „Henne oder Ei" entstehen. Ein Berater wird mit seiner Einstellung: „Ich muss als Berater ja nur so hart und sachlich auftreten, weil der Klient sich ständig gegen die sinnvollste Lösung sträubt" beziehungsweise „Ich muss mich als Klient doch vor meine Leute stellen, weil der Berater mit seiner Sachlichkeit die menschlichen Aspekte übersieht", nicht viel verändern können. Ein Vorschlag:

> Die Verantwortung für den ersten Schritt zu einem guten Miteinander, sich also von den eigenen Befindlichkeiten freizumachen, liegt beim Schlaueren.

1.4 Die Top 3 der Vorurteile gegenüber Beratern

Zur guten Haltung gehört auch der Wille, gängige Vorurteile zu hinterfragen, anstatt sie durch Aktionen oder Reaktionen weiter aufzuladen und zu verhärten. Die Liste der Vorurteile von Klienten gegenüber Beratern, aber auch von Beratern gegenüber Klienten, ist lang. Außerdem wäre es müßig, in diesem Buch den Versuch zu unternehmen, mit all diesen Vorurteilen und Klischees aufzuräumen. Aber zumindest sollten die jeweiligen Top 3 ein wenig beleuchtet werden.

Die Top-3-Vorurteile gegenüber Beratern sind:

1. „Berater sind blutjung, kommen frisch von der Uni und haben keine Ahnung von meiner Industrie."

2. „Berater definieren sich nur über Statussymbole."

3. „Berater können nur zwei Dinge: Leute entlassen und Konzepte für die Schublade schreiben."

Vorurteil Nummer 1: Berater sind blutjung, kommen frisch von der Uni und haben keine Ahnung von meiner Industrie

Diese Aussage über Berater entspricht bei vielen der großen Unternehmensberatungen in den unteren Hierarchiestufen der Wahrheit.

Gut die Hälfte der Einsteiger hat gerade den ersten Studienabschluss hinter sich gebracht, ist Mitte zwanzig und hat außer einigen Praktika keine Berufserfahrung. Die andere Hälfte hat vielleicht promoviert, einen zweiten Studiengang absolviert oder zwei bis drei Jahre Berufserfahrung gesammelt. Und dann kommt noch erschwerend hinzu, dass die großen Beratungsunternehmen sehr auf das Thema „Diversity" achten und damit nur rund die Hälfte der Berater aus wirtschaftsorientierten Studiengängen kommt. Der Rest sind Ingenieure, Naturwissenschaftler (meistens Physiker), Juristen, Ärzte, Kulturwirte, Theologen oder sogar Konzertpianisten.

Vor diesem Hintergrund ist es kein Wunder, dass die Titulierung als „ahnungslose Greenhorns", um mit Karl May zu sprechen, zu den meistzitierten Urteilen über Berater gehört. Außerdem ist es ein probates Mittel, um die Kompetenz eines Beraters und seine Empfehlungen per se in Zweifel zu ziehen. Damit behält der Klient die Entscheidungsfreiheit, die er in der Realität natürlich sowieso hat; aber häufig finden es Klienten schwer, gegen das geballte Selbstbewusstsein der Beraterriege und ihre fundierten Analysen sachlich zu argumentieren. Da ist es leichter, gleich einmal „klare Verhältnisse" zu schaffen.

Wenn das nun tatsächlich so ein großer Nachteil ist, warum ist es dann für die Beratungshäuser gängige Praxis? Und warum werden sie trotzdem immer wieder von Klienten um Rat gefragt?

Böse Zungen behaupten, die *einzige* Motivation für Beratungshäuser sei es, dass sich nur junge, unerfahrene Mitarbeiter darauf einlassen, 80 Stunden pro Woche zu arbeiten und drei bis vier Nächte in Hotels zu verbringen. Andererseits kennen wir alle Manager in verschiedenen Unternehmen und auf jeder Senioritäts- und Altersstufe, die genau das oder sogar noch mehr auf sich nehmen.

Als weiteres Argument für die Wahl von Berufsanfängern hört man oft: „Junge Menschen sind formbar und man kann sie leichter den Gepflogenheiten und der Kultur des jeweiligen Beratungshauses anpassen – sprich verbiegen und manipulieren."

Natürlich ist es für die Beratungen leichter, junge und hochmotivierte Menschen zu entwickeln und auch zu prägen. Und natürlich ist dies auch eine wichtige Motivation – eine Beratung hat ja keine Produkte, sondern eben nur die Mitarbeiter. Jeder neue Berater repräsentiert von seinem ersten Arbeitstag an dem Klienten gegenüber sein Beratungshaus. Dabei geht es vor allem um das Einlösen eines Markenversprechens.

Aber auch dieses Argument würde bestenfalls das Interesse der Beratungen an jungen Mitarbeitern erklären, nicht aber die Motivation der Klienten, diese Berater trotzdem um Rat zu fragen. Die Überlegungen der Beratungshäuser gehen in zwei ganz andere Richtungen.

Erstens sehen die Berater einen Vorteil darin, dass junge Studienabgänger noch nicht von den Denkmustern der Wirtschaft geprägt sind und es ihnen damit leichter fällt, gängige Glaubenssätze und Gewohnheiten kreativ zu hinterfragen als Menschen mit vielen Jahren Berufserfahrung. Für diesen Vorteil nehmen die Berater gerne die hohen Investitionen in die Ausbildung des kontinuierlichen Stroms von jungen Neueinsteigern in Kauf.

Und zweitens muss man sich fragen, was genau die Mitarbeiter auf den unteren Senioritätsstufen eigentlich den ganzen Tag lang machen. Geschätzte 80 Prozent der Zeit verbringen sie damit, unzählige Interviews zu führen, Gigabytes an Daten aufzubereiten, zu analysieren und die Ergebnisse auf Hunderte von Slides zu bringen. Und dafür braucht man vor allem funktionale Kompetenzen: schnelles und strukturiertes Denken, Ausdauer und Disziplin, analytische Fähigkeiten sowie ein selbstbewusstes Auftreten. Genau das bringen die Top-Absolventen mit – und haben sogar Spaß daran, egal ob Betriebswirt, Physiker oder Jurist. Und in der restlichen Zeit, in der Hypothesen gebildet werden, Analysen geplant oder die Ergebnisse inhaltlich diskutiert werden, stehen den jungen Beratern ihre Projektleiter oder Partner zur Seite. Genau deren Aufgabe ist es, die Industrieerfahrung einzubringen und sicherzustellen, dass die Qualität stimmt und die Projekte in die richtige Richtung laufen.

Immer mehr Beratungen fangen an, gezielt Experten für bestimmte Themen mit einer repräsentativen Berufserfahrung zu rekrutieren, die sie dann auf höheren Hierarchiestufen einsetzen. Auch, um dem Ruf der Unerfahrenheit entgegenzuwirken.

Im Übrigen ist dies auch genau der Grund, warum die großen Beratungen immer nur mit Teams arbeiten, die quasi die Senioritätspyramide abbilden: Ein Partner, ein Projektleiter, zwei bis vier Berater – oder das Vielfache davon. Einzelne Berater können sich die Klienten nicht herauspicken, einen Consultant gibt es nicht ohne seinen Projektleiter, damit die Qualität sichergestellt ist. Und einen Partner gibt es nicht ohne Team – weil er keine Analysen macht und keine Präsentationen erstellt.

Einige Beratungen positionieren sich von vornherein dadurch, dass sie eben keine Studienabgänger, sondern ausschließlich Mitarbeiter mit 10 bis 15 Jahren Berufserfahrung einsetzen. Und diese Beratungen nutzen natürlich auch genau das hier diskutierte „Vorurteil", um sich von den Wettbewerbern zu differenzieren. Sie werden zu Recht dann auch eher für implementierungslastigere Projekte eingekauft. Denn die Glaubwürdigkeitsproblematik tritt häufig erst auf den unteren Stufen einer Klientenorganisation auf und nicht bei den Entscheidern. Und diese Entscheider vermeiden durch die Wahl eines „erfahrenen Beraters" unter Umständen ein hohes Maß an Widerstand aus den eigenen Reihen in Bezug auf eine geplante Veränderung.

Eine Herausforderung dieser Beratungen – im Gegensatz zu dem „Studienabgänger-Geschäftsmodell" der anderen – zeigte sich allerdings in einem Gespräch mit einem dieser „erfahrenen Einsteiger": „Ich verstehe überhaupt nicht, warum die Klienten so einen großen Wert auf meine Erfahrung legen. Ich habe 15 Jahre Berufserfahrung mit viel Verantwortung und hohen Budgets hinter mir, und jetzt lassen die mich den ganzen Tag lang Excel-Sheets bauen und Slides malen. Das ist fast wie Urlaub – ich hatte noch nie einen so entspannten Job." Hier wurde der Berater vom Klienten einfach nicht entsprechend seiner Kompetenz eingesetzt.

Die größte Herausforderung für die großen Strategieberater bleibt aber das Thema Glaubwürdigkeit. Auch wenn die hier beschriebenen Motivationen und Hintergedanken mit den Klienten tausendfach besprochen wurden, die Aussage „frisch von der Uni und keine Ahnung von meiner Industrie" bleibt negativ belegt, zumindest sofern ein Klient noch keine einschlägigen Erfahrungen mit Beratern gemacht hat und einfach skeptisch ist. Aber häufig wird dieses Argument auch zu Unrecht vorgebracht, da die Klienten genau um die Zusammenstellung der Beraterteams wissen – in diesem Fall bleibt es eine Macht- und Positionierungsfrage. Grundsätzlich können die Klienten davon ausgehen, dass Ehrgeiz gepaart mit den vielfach besprochenen funktionalen Kompetenzen sowie den Antreibermechanismen der namhaften Beratungsunternehmen ein Garant für Leistungsfähigkeit und -willigkeit ist.

Es ist seit langem ein Klassiker in der Reihe der Spiele der Manager, einen jungen Berater bei seiner Vorstellung mit einem süffisanten Lächeln zu fragen: „Na, und wie lange sind Sie schon dabei?" Ganze Trainingseinheiten zielen darauf ab, die Neueinsteiger auf diese Frage vorzubereiten, ihnen die Angst vor der Frage zu nehmen und sie davon abzuhalten, sich mit Floskeln herauszuwinden: „Dies ist mein zweites Projekt" – wenn das erste gerade einmal eine Woche dauerte, oder „Ich bin seit letztem Jahr dabei" – wenn man am 15. Dezember angefangen hat und der Januar gerade begonnen hat. Wenn die Klienten wüssten, wie viel Zeit mit diesen Vorbereitungen unnötig vergeudet wird und wie viel Unsicherheit und Druck sie damit erzeugen, würden sie die Neueinsteiger gar nicht erst in diese Situation bringen.

Abschließend noch ein Kommentar zu der Perspektive der jungen Studienabgänger. Da sie meist sehr ehrgeizig und damit gewohnt sind, viel Anerkennung für ihre Leistungen zu erhalten, setzen sie sich mit diesem gegen sie gerichteten Vorurteil unter einen hohen Druck. Man möchte ihnen zurufen: „Hört auf, Euch um Euren gesunden Schlaf zu bringen. Ihr seid nicht aufgrund Eurer umfassenden Berufserfahrung eingestellt worden, sondern weil man Euch die funktionalen Kompetenzen eines Beraters und die Fähigkeit, schnell zu lernen, zutraut. Steht einfach dazu. Ihr seid Teil eines Teams, in dem insgesamt ausreichend Erfahrung vorhanden ist. Und hört auf zu versuchen, über einen exzessiven Einsatz von Statussymbolen Eure Glaubwürdigkeit zu erhöhen. Das funktioniert sowieso nicht! Sagt dem Klienten stattdessen lieber selbstbewusst, dass es Euer erstes Projekt in seiner Industrie ist. Beschreibt ihm Eure Rolle und Verantwortung im Projekt mit dem klaren Fokus auf die funktionalen Kompetenzen. Beschreibt, wo Ihr diese funktionalen Kompetenzen erworben habt. Und verweist in Bezug auf die Spezifika der Industrie auf die Erfahrung Eures Projektleiters und Partners."

Der letzte Punkt bringt uns auch gleich zum nächsten Vorurteil.

Vorurteil Nummer 2: Berater definieren sich nur über Statussymbole

Diese Aussage über Berater entspricht nicht der Wahrheit – Berater definieren sich vielmehr über ihre Leistung. Aber es lässt sich nicht leugnen, dass die Statussymbole zur Motivation und vielleicht sogar zum Selbstbewusstsein des einen oder anderen Beraters beitragen.

Es bedurfte reichlicher Überlegung, ob dieses Vorurteil überhaupt in das Buch aufgenommen werden sollte. Nach meiner Einschätzung hat das bewusste Zur-Schau-Stellen der Statussymbole in den vergangenen zwei bis drei Jahren deutlich abgenommen und ist nichts mehr im Vergleich zu den Zeiten der Internetblase. Aber da sich das Vorurteil wacker in den Köpfen der Klienten hält, hier nun doch ein paar klärende Worte.

Über welche Statussymbole reden wir? Woran erkennt man Berater?

- Aktuellster Blackberry, natürlich mit dem Knopf im Ohr.
- Standard IBM-Notebook, gerne mit einem Extra-Akku, damit man unterwegs ja nicht arbeitsunfähig wird.
- Business-Class-Ticket und Senator-Karte, eventuell sogar der „Hon"-Kofferanhänger.
- Trolly und Laptoptasche.
- Teure Autos, bevorzugt wird die Oberklasse aus deutscher Herkunft.
- Teure Markenanzüge, häufig auch maßgeschneiderte Hemden mit Initialen an der Manschette.
- Die Schweizer Uhr schadet dem Image auch nicht.
- Gewählte Sprache, gespickt mit Anglizismen und Management-Brubble.

Was steckt nun hinter dem Drang, diese Stammesabzeichen sichtbar zu tragen?

Einerseits hat es durchaus pragmatische Gründe. Der typische Berater hat tatsächlich viel zu tun und versucht daher, immer und überall arbeitsfähig zu sein. Und dabei helfen die technischen Spielzeuge genauso wie die gewisse Intimität der Lounge und der freie Sitz neben einem in der Business Class.

Wenn man vor allem die jüngeren Berater fragt, so hat die Business Class noch weitere praktische Vorteile (ohne dass dies eine Werbebroschüre für Fluglinien werden soll). Einerseits gibt es den direkten Nutzen, wie den Snack, die Gala und die Bequemlichkeit, sich nicht mit seinem Gepäck durch die enge Gasse quälen zu müssen. Das wird zwar betont, ist aber letztlich dann doch eher unwichtig. Viel wichtiger ist: Man darf das zweite Gepäckstück mit an Bord nehmen und muss nicht je Flug 20 bis 30 Minuten am Gepäckband verbringen. Sie erinnern sich: Verlorene Zeit, in der man auch arbeiten könnte. Andererseits gibt es aber auch den indirekten Nutzen, und der ist dem Berater im Zweifel noch mehr wert. Mit den höher dotierten Business-Class-Tickets erreicht man den begehrten Senator- und Hon-Status schneller beziehungsweise überhaupt erst. Und damit ist dann die Wartelistenpriorität verknüpft, die dem Berater eine real höhere Flexibilität beim Reisen ermöglicht. Und gleichzeitig sammeln sich auch die Prämienmeilen schneller, mit denen der Urlaubsflug „finanziert" werden kann. Natürlich könnte es sich jeder Berater durchaus leisten, den Urlaubsflug selber zu bezahlen, aber es ist nun einmal seit langer Zeit fester Bestandteil des Gehaltspaketes. Und da lässt sich ein Berater genauso ungern in die Tasche fassen wie ein Klient.

Es ist gut vorstellbar, dass diese Erklärungen für viele völlig überzogen und lächerlich klingen. Aber vielleicht mussten Sie noch nie so viel fliegen wie ein typischer Berater? Oder Sie haben die Phase des Vielfliegens bereits hinter sich?

Nächstes Thema: die Automarken. Ganz wichtig! Und für alle Beteiligten (Berater, Klienten, nicht betroffene Beobachter) hochemotional. Bevorzugt werden BMW, Audi und Mercedes Benz. In höheren Hierarchiestufen darf es dann durchaus auch ein Porsche sein. Einen Ford oder Opel sucht man in den Beraterflotten allerdings vergeblich.

Es gibt zwei durchaus gültige Entschuldigungen, die die Berater an dieser Stelle anführen: Erstens gibt es Vorgaben von der Unternehmensseite. Und da geht es um Sicherheitsstandards, Leasingkonditionen und natürlich auch um ein bestimmtes Image. Es sähe schon komisch aus, wenn ein hochbezahlter Berater in einem verbeulten Golf 2 vorfahren würde. Übrigens gibt es entsprechende Regelungen wohl in jeder einigermaßen durchstrukturierten Organisation. Und zweitens glaubt man gar nicht, wie sehr die Klienten in der Automobilbranche – mehr als in jeder anderen Industrie – darauf achten, dass „ihre Berater" auf jeden Fall die richtige Marke fahren. Vielleicht weniger von den Top-Entscheidern während des Auswahlprozesses, aber jedenfalls von den Klienten auf der mittleren Managementebene, die danach täglich mit den Beratern zusammenarbeiten. Es gibt viele Anekdoten, dass Beratern die Zufahrt auf das Firmengelände verweigert wurde, wenn sie mit einem Fahrzeug der Konkurrenz vorfuhren.

Trotzdem wirken die Autos bei Beratern noch stärker als ein Statussymbol als bei anderen Berufsgruppen. Das hat sicherlich etwas mit dem Alter zu tun. Sie kommen einfach früher in den Genuss solider Autos als andere. Zum anderen stellt sich auch die Frage, ob die Berater eigentlich überhaupt alle Firmenfahrzeuge brauchen. Viele, wenn nicht die meisten, pendeln bestenfalls zwischen ihrer Wohnung und dem Flughafen. Und selbst da lassen sich viele lieber vom Fahrer ihres Vertrauens abholen. Immerhin kann man die Zeit dann noch sinnvoll nutzen. Man könnte auf der Rückbank noch ein wenig schlummern, etwas telefonieren oder vielleicht doch noch eben die letzten Slides fertigstellen.

Autofahren gilt bei vielen Beratern als „nicht wertschaffende Zeit". Ich habe einmal am Flughafen eine Beraterin getroffen, die gerade unterwegs von Hamburg nach München war. Ihr Klienten-Workshop war ursprünglich circa eine Autostunde von Hamburg entfernt geplant, wurde dann aber auf einen Ort, circa 20 Autominuten vom Münchner Flughafen entfernt, umgelegt. Und das, obwohl etwa zwei Drittel der Teilnehmer aus Hamburg kamen. Ihr Kommentar: „Ich bin so froh, dass er umgelegt wurde. Es ist viel leichter abbildbar, unter der Woche eben nach München zu fliegen, als da ganz raus in die Pampa zu fahren."

Das ist schon bemerkenswert, oder? Eine Stunde Reisezeit versus drei Stunden Reisezeit. Plus ein etwa Zehnfaches an Kosten, mal der Anzahl der Teilnehmer. Mit dem Ergebnis: „leichter abbildbar", sprich, eher stimmig in Bezug auf die persönlichen Präferenzen beim Reisen.

Es gibt aber natürlich auch hier wieder die Ausnahmen. Es gibt Beratungen, in denen die Berater viel lieber Auto fahren als fliegen. Selbst bei langen Strecken bevorzugen sie die „Einsamkeit" im eigenen Fahrzeug und die Unabhängigkeit von festen Abflugzeiten. Also vielleicht doch auch eine Frage der Unternehmenskultur? Oder sind die Berater in der Frage ihres Autos vielleicht auch einfach typisch Deutsch?

Man kann als Zwischenfazit festhalten: technische Spielzeuge – akzeptiert. Autos – na ja. Das alles erklärt aber immer noch nicht den Trolly, die Markenanzüge, die Schweizer Uhr und die typische Sprache.

Erst bei diesen Ausstattungen wird klar, warum die Statussymbole für viele Berater, insbesondere die jüngeren, eine so hohe Bedeutung haben. Es geht um Uniformierung. Es geht um Zugehörigkeit zu einer besonderen Gruppe – es soll hier nicht wieder das umstrittene Wort „Elite" verwendet werden, auch wenn es das aus Sicht der Berater trifft. Es geht vor allem auch um Augenhöhe im Verhältnis zu den wichtigsten Klienten, mit denen man es möglicherweise zu tun bekommt, also der Vorstandsebene.

Wir erinnern uns an das Label der „Insecure Overachiever". An den eigenen Anspruch, überdurchschnittliche Leistung zu erbringen und dafür Anerkennung zu erhalten. Die Statussymbole sind – provozierend formuliert

– auch eine Art Ersatzbefriedigung. „Ich arbeite hart, und ich kann mir dafür etwas leisten, was allen zeigt, dass ich eine überdurchschnittliche Leistung erbringe." In dem Zusammenhang können diese Ausstattungen auch durchaus das Selbstvertrauen fördern. „Schau, ich gehöre dazu. Ich bin zwar erst 24, aber ich bewege mich schon in den Kreisen der erfolgreichsten Manager. Weil ich ja so hart und gut arbeite." Dass diese Berater ihre Klienten mit eben dieser Einstellung direkt vor den Kopf stoßen, ist ihnen selten bewusst. Oder es wird verdrängt.

Als Fazit bleibt festzuhalten: Die Statussymbole gehören zu einem Berater wie das Wasser zum Fisch. Und die meisten stiften tatsächlich einen nachvollziehbaren Wert oder erfüllen eine Funktion. Sei es nun aus praktischen Gründen oder in Bezug auf das eigene Selbstvertrauen. Letztlich sind sogar die mit den Ausstattungen verbundenen Freiheitsgrade wichtiger als der damit verbundene Status. Es ist zu hoffen, dass sich der bereits sehr verbreitete Trend weiter fortsetzt, dass die Berater mehr und mehr darauf verzichten, diese Dinge derart zur Schau zu stellen. Denn erst das übermäßige Zurschaustellen führt zur negativen Haltung der anderen.

Vorurteil Nummer 3: Berater können nur zwei Dinge: Leute entlassen und Konzepte für die Schublade schreiben

Zugegeben, das sind zwei Vorurteile in einem. Die logische Klammer liegt darin, dass beide die Tätigkeit des Beraters auf ein Klischee reduzieren. Im Gegensatz zu den ersten beiden Vorurteilen geht es hier weniger um den Berater als Person oder Persönlichkeit, sondern um das, was er nach einem Projekt bei einem Klienten hinterlässt.

In diesem Zusammenhang ist diese Aussage über Berater in ihrer Absolutheit in keiner Weise wahr. Aber auch hier gibt es natürlich ein ordentliches Quäntchen Wahrheit, das dem Vorurteil Nahrung gibt. Betrachten wir im Folgenden die beiden Vorurteile der Reihe nach.

Berater entlassen Leute

De facto ist dies rechtlich gar nicht möglich. Die Entscheidung sowohl für den Umfang einer Restrukturierungsmaßnahme als auch für die Benennung der Betroffenen liegt immer beim Klienten. Und der Anlass für eine Restrukturierung wird auch nicht von den Beratern ins Leben gerufen – außer vielleicht in einigen Ausnahmen aus dem Bereich der „Tragödien".

Wie also entsteht der Eindruck, dass Berater Leute entlassen? Mehrere Gründe sind anzuführen:

- Die Berater sind nun einmal oft vor Ort, wenn es um das Thema Stellenkürzungen geht – und werden damit automatisch mit dem Vorgang selbst in Verbindung gebracht.

- Die Berater vertreten oft vehement die Notwendigkeit einer Restrukturierung.

- Die Klienten drücken sich oft davor, die Kommunikation der Maßnahmen und deren Notwendigkeit zu übernehmen und schicken lieber die Berater vor. Im Übrigen handelt es sich nach unserer Definition hierbei um „schlechte Klienten". Der Berater wird als Projektionsfläche für den Ärger der Mitarbeiter eingesetzt.

- Die Berater gehen an dieses Thema genauso sachlich heran wie an jedes andere Thema. Menschen, Schicksale und Beziehungen werden in der Regel nicht in die Gleichung einbezogen. Dadurch wirkt es so, als würden sie keinerlei Betroffenheit empfinden, womöglich sogar Spaß daran haben.

Wahr ist, dass Berater – neben vielen anderen Themen – auch Restrukturierungsprojekte durchführen. Gerade im aktuellen Krisenumfeld ist dies ein notwendiges Thema. Wahr ist auch, dass Berater häufig einen Vorschlag für das neue Organigramm inklusive der Mengengerüste entwickeln. Wahr ist auch, dass Berater Kriterienkataloge entwickeln, aus denen heraus die verbleibenden Namen von Mitarbeitern in das neue, reduzierte Organigramm eingetragen werden.

Falsch ist, dass die Berater über diese Vorschläge selber entscheiden. Insbesondere nicht über die Einzelschicksale von Betroffenen.

Wahr ist, dass es schlichtweg zur Rolle des Beraters gehört, Sachlichkeit in ein höchst emotionales Thema zu bringen. Das sollte ihm eigentlich nicht zum Vorwurf gemacht werden.

Wahr sind leider einige der Schauergeschichten von Beratern, die bei den Kündigungsgesprächen anwesend waren und in Einzelfällen sogar die „Logik der Maßnahme" kommunizieren sollten. Dass ist schlichtweg ein katastrophales Verständnis von Führungsverantwortung auf Klientenseite und eine Anmaßung auf Beraterseite.

Falsch ist, dass es dem gemeinen Berater Spaß macht, das Schicksal anderer Menschen derart zu beeinflussen. Natürlich gibt es Einzelfälle, die dabei ein „Machtgefühl" empfinden – genau wie auf der Klientenseite übrigens auch. Und andere, denen die Menschen hinter dem Organigramm egal sind. Aber man kann sich sicher sein, den meisten ist bei diesem Thema selber flau im Magen – und genau deswegen begegnen sie ihm mit einer übertriebenen Sachlichkeit.

An die Berater ist der dringende Appell zu richten: Er täte gut daran, bei aller Notwendigkeit für sachliche oder betriebswirtschaftliche Überlegungen, dem Thema mit etwas mehr Sensibilität zu begegnen. Reale Projekte sind keine Case Studies, wie man sie an der Business-Schule täglich bearbeitet, sondern es geht beim Restrukturieren für viele Menschen um alles, um ihre Existenz! Vielleicht muss man auch nicht in jeder Situation den Auftrag annehmen, Namen in Organigramme zu schreiben. Daher, liebe Klienten, stehen Sie zu Ihrer Führungsaufgabe und übernehmen Sie die Verantwortung für die Gestaltung und Kommunikation dieser Maßnahmen.

Berater erstellen Konzepte für die Mülltonne

Per se ist es im Sinne des Buches nicht notwendig, über dieses Vorurteil zu schreiben. Das ganze Buch dient ja der differenzierten Auseinandersetzung mit der Frage, wie zu vermeiden ist, dass teuer erarbeitete Konzepte einfach in der Schublade verschwinden.

Wahr an diesem Vorurteil ist aber, dass es immer wieder vorkommt: Stichwort „Tragödien". Falsch ist, dass dieses Segment den gesamten Beratungsmarkt prägt, denn es blendet die „Einakter", „Heldensagen" und vor allem die „Blockbuster" aus. Aber, der hohe Anspruch ist, dass es überhaupt keine Tragödien geben sollte.

Die wenigsten Konzepte verschwinden in Schubladen, weil sie per se schlecht sind. Sie passen entweder nicht gut genug auf die Bedürfnisse und Fähigkeiten des Klienten, sie liegen zum falschen Zeitpunkt auf dem Tisch oder der Klient will sie einfach nicht implementieren.

Man kann die Ursachen für „Mülltonnen-Konzepte" auf zwei Punkte reduzieren:

- Der Berater verfügte in der Situation nicht über die notwendige Kenntnis über Veränderungsprozesse im Allgemeinen oder über die spezifische Klientenorganisation und ihre Mechanismen im Besonderen, um ein tatsächlich realisierbares Konzept zu entwickeln, und nicht nur eine möglichst intelligente oder ideale Lösung.

- Der Klient hat sich – aus welchem Grund auch immer – nicht gestaltend mit ebendiesem Wissen in die Konzeptentwicklung eingebracht.

Es ist natürlich auch die Kombination dieser zwei Ursachen möglich. Beide Beteiligten verstehen zu wenig davon, was passieren muss, dass sich eine Organisation so verändert, damit das Ergebnis mit dem Ziel übereinstimmt. Nicht jede Aktion führt in diesem Zusammenhang direkt zu der erwarteten Reaktion. Bei der Veränderung von Organisationen geht es um eine Auseinandersetzung mit tief verankerten Glaubenssätzen, um über lange Zeit gelernte Interaktionen und „gegorene" Erfahrungen mit Zulieferern und Kunden, also den Erfahrungen, die nicht gemacht und gleich wieder verworfen wurden, sondern die tatsächlich zu einer Prägung von Verhaltensweisen geführt haben.

Damit ist oft bei der Implementierung von Konzepten neben einer transaktionalen Führung (es werden Dinge „getan", um eine Veränderung herbeizuführen) auch eine transformative Führung (es werden nur Dinge „angestoßen", die sich dann mit einer Eigendynamik entwickeln) gefragt. Mitarbeiter müssen sich an neue Routinen erst einmal gewöhnen. Es müssen Fehler gemacht und aus ihnen gelernt werden. Veränderungsprozesse brauchen auch „Container" für die Mitarbeiter, um ihre Sorgen und Bedürfnisse einbringen zu können. Und diese besondere Fähigkeit, „manche Dinge sich einfach selber entwickeln zu lassen und dabei zuzuschauen", ist im Standardrepertoire vieler Manager und Expertenberater nicht vorhanden.

Daneben hat ein Expertenberater nur selten die Möglichkeit und die Zeit, sich intensiv mit den Glaubenssätzen, Interaktionen und Erfahrungen der Klientenorganisation im notwendigen Maße auseinanderzusetzen. Das ist auch eher das Thema der Prozessberater, also der Coachs und Organisationsentwicklungsberater, im Sinne von „Beziehungsexperten".

Und um an dieser Stelle auch noch einmal den Typus Berater anzusprechen: Die Expertenberater können in der Regel mit den ungewohnten Methoden der Beziehungsberater (Stichwort Stuhlkreise oder Bilder malen) genauso wenig anfangen wie die typischen Manager in Klienten-organisationen. Lieber umgeben sie sich mit handfesten Zahlen, Daten und Fakten.

Jedes Vorurteil sagt auch etwas über den aus, der sich diesem bedient.

Dieses dritte Vorurteil mit seinen beiden Ausprägungen über die reduzierte Tätigkeit von Beratern beinhaltet ein Quantum Wahrheit. Aber es ist auch durchaus als Vorwurf gegenüber den Klienten zu verstehen. Quasi als Eigentor für jeden, der sich in dieser Form über Berater auslässt. Er hat sich entweder vor der Verantwortung gedrückt, sich nicht gestaltend in den Prozess der Konzeptentwicklung eingebracht oder er war schlichtweg zu weit vom Zentrum des Geschehens entfernt, um ein differenziertes Bild abgeben zu können. Und in diesem Fall sollte er sich besser einfach gar nicht äußern.

1.5 Die Top 3 der Vorurteile gegenüber Klienten

Der Unterschied zwischen den Vorurteilen gegenüber Beratern und denen gegenüber Klienten liegt im Bekanntheitsgrad. Jeder, der selber oder durch Bekannte schon einmal in Kontakt mit Beratern gekommen ist, kennt die oben beschriebenen Vorurteile. Auf die Frage nach Vorurteilen gegenüber Klienten erntet man dagegen meistens nur fragende Gesichter. Aber es gibt sie. Und sie stehen den Vorurteilen gegenüber Beratern weder im Wahrheitsgehalt noch in Härte nach.

Hier nun die Top-3-Liste der Nennung von Vorurteilen gegenüber Klienten (übrigens stammen sie nicht nur von Beratern):

1. Klienten sind unstrukturiert und unfähig, ihre Probleme selber zu lösen.
2. Klienten wollen doch sowieso nichts verändern.
3. Klienten behindern uns nur – ohne sie ginge alles viel schneller.

Vorurteil Nummer 1: Klienten sind unstrukturiert und unfähig, ihre Probleme selber zu lösen

Diese Aussage ist genauso wahr wie falsch, da sie immer eine Einzelfallbetrachtung ist und damit abhängig vom Projektinhalt, Zeitpunkt, Umstand und natürlich der Person. In seiner Absolutheit ist dieses Vorurteil genauso wenig repräsentativ wie all die anderen.

In diesem Vorwurf schwingen zwischen den Zeilen verschiedene Botschaften mit. In der extremen Ausprägung wird dem Klienten unterstellt, er sei „zu blöd, es selber zu machen". In einem Interview wurde in diesem Zusammenhang sogar die Formulierung „intellektuell unterbelichtet" verwendet. Diese Unterstellung drückt vor allem die Arroganz und Dummheit dessen aus, der sich seiner bedient. Es steht keinem Berater zu, in dieser Weise über die Person oder die Persönlichkeit seines Klienten zu urteilen.

Die Fähigkeiten seines Klienten hingegen sollte der Berater möglichst realistisch einschätzen – allerdings auch hier nicht in einer wertenden Weise –, um die Realisierungswahrscheinlichkeit seines Konzeptvorschlags beurteilen zu können.

Und damit kommen wir zu dem Quäntchen Wahrheit in diesem Vorurteil. Es stimmt, dass nicht alle Klienten derart strukturiert denken und arbeiten wie der typische Berater. Viele schon, aber eben nicht alle.

Jetzt darf man nicht vergessen, dass Klienten im Gegensatz zu Beratern deutlich mehr Baustellen gleichzeitig bedienen müssen. Projekte sind für die meisten Klienten ein unangenehmer Zusatzaufwand neben dem ohnehin schon fragmentierten Tagesgeschäft. Sie sind deutlich abgelenkter. Und gerade die besten Mitarbeiter haben nicht nur die anspruchsvollsten Aufgaben im Tagesgeschäft, sondern sind auch noch in die unterschiedlichsten Projekte eingebunden. Sie haben auch deutlich mehr Stakeholder im Auge zu behalten als ein Berater. Kein Wunder also, wenn sich nicht jeder Klient im gleichen Maße wie ein Berater auf das Projekt fokussieren kann, hat dieser doch in den ersten Berufsjahren neben der wöchentlichen Abrechnung der Spesen so gut wie gar kein Tagesgeschäft zu bewältigen.

Es stimmt auch, dass Klienten manchmal nicht in der Lage sind, ihre Probleme selber zu lösen. Aus all den im ersten Kapitel besprochenen guten Gründen: Es fehlt in der Organisation an einer bestimmten Expertise, an den richtigen Ressourcen oder Fähigkeiten oder auch an einer klaren Priorität und Richtung. Über all die Fälle, in denen sie sich selber helfen können, sprechen wir in diesem Buch überhaupt nicht – denn dann stellt sich die Frage nach einer Unterstützung durch Berater erst gar nicht.

Einen weiteren Punkt darf man auch nicht vergessen. Die meisten Klienten in einer Linienfunktion arbeiten in einem relativ „kleinen Kästchen", mit einem klar umrissenen Aufgaben- und Verantwortungsbereich. Selbst wenn sie im Laufe ihrer Karriere schon viele Aufgabengebiete kennengelernt haben, so sind sie doch aktuell immer in einem bestimmten Bereich gefangen. Damit können sie nicht immer über den Tellerrand hinausschauen und das große Ganze im Blick behalten oder über viele Funktionen hinweg bestimmte Muster oder Zusammenhänge erkennen.

Und viele Klienten suchen genau das: Spezialisierung statt Generalisierung. Lieber in einer Sache ganz genau Bescheid wissen als über viele Sachen ein wenig. Berater haben zwar auch den Anspruch, in ihren Projekten in die Tiefe zu gehen, aber das ist in keiner Weise vergleichbar mit den Erfahrungen, die jemand nach zwanzig Jahren im selben Job aufweisen kann. Und das ist ja auch gut so. Berater sollen ja nicht die Tätigkeit des Mitarbeiters übernehmen. Sie sollen eher das große Ganze im Auge behalten und von den Details „nur" so viel verstehen, dass sie sprachfähig sind. Den Rest hat der Klient selber in die Konzeptentwicklung einzubringen.

Das Vorurteil, Klienten seien total unstrukturiert und unfähig, ihre Probleme selber zu lösen, beinhaltet wie alle Vorurteile einen Kern an Wahrheit. Es fehlt manchmal an der nötigen Strukturiertheit, um komplexe Sachverhalte wirksam zu bearbeiten. Und ja, der Klient ist manchmal tatsächlich nicht selber in der Lage, sein Problem ohne Unterstützung zu lösen. Aber anstatt diese Situationen als pauschales Vorurteil zu pflegen, sollten die Berater lieber dankbar sein: Strukturierte Klienten, die ihre Probleme selber lösen können, brauchen nämlich keine Berater.

Vorurteil Nummer 2: Klienten wollen doch sowieso nichts verändern

Diese Aussage ist ebenfalls wahr und falsch, da sie immer eine Einzelfallbetrachtung ist und damit abhängig vom Projektinhalt, Zeitpunkt, Umstand und natürlich der Person. Auf jeden Fall hat sie ihren Ursprung in der Frustration eines Beraters, der wochen-, vielleicht sogar monatelang mit bestem Wissen und Gewissen an einem vielversprechenden Konzept gearbeitet hat, welches dann mit oder ohne Angabe von Gründen nicht umgesetzt wird. Und das kommt leider immer wieder vor.

Um dieses Vorurteil zu hinterfragen, muss man drei Fälle unterscheiden:

1. Ja, der Klient wollte in der Tat nie etwas ändern.

2. Jein, der Klient möchte schon etwas ändern, ist sich aber noch nicht sicher, was das konkret sein soll.

3. Nein, der Klient will auf jeden Fall etwas ändern, aber eben nicht in die vorgeschlagene Richtung.

Es gibt sie, die reinen Alibi-Projekte. Auch wenn es für jeden Normalbürger nur schwer nachvollziehbar ist. Es gibt tatsächlich Entscheider in Unternehmen, die Hunderttausende Euro investieren, nur um hinterher sagen zu können: „Wir haben es ja versucht, aber es hat nicht geklappt." Eine echte Vergeudung von Ressourcen und Anlass für unendliche Frustrationen auf allen Seiten. Im Zweifel liegt die Schuld dann beim Berater, weil der ja kein realisierbares Konzept vorgelegt hat.

Bei allem Kopfschütteln darf man aber in diesem Fall nicht vergessen, dass auch hinter politisch motivierten Projekten menschlich nachvollziehbare Motivationen stehen, zum Beispiel Verlustängste oder Machtansprüche. Und diese Motivation sollte man versuchen zu verstehen, auch wenn man mit ihnen nicht einverstanden ist. Letztlich gibt es ja viele, die sogar ihr Leben lang mit Politik ihren Unterhalt verdienen.

Viel wichtiger ist es aber, einmal die Mitarbeiter in Klientenorganisationen in den Vordergrund zu rücken, die scheinbar prinzipiell keine Veränderungen wollen. Es wird häufig von Beratern, aber auch von den Entscheidern in den Klientenorganisationen unterschätzt, dass viele Menschen ihren Gewohnheiten verhaftet sind. Es fällt ihnen in der Tat schwer, sich von ihren Routinen und liebgewonnenen Gewohnheiten zu verabschieden. Zumindest, solange der einzige Grund dafür eine tolle Idee eines Entscheiders oder eine mögliche Steigerung der Marktkapitalisierung ist. „Warum sollte ich als einfacher Mitarbeiter Kosten sparen, wenn das Unternehmen doch profitabel ist? Nur, damit irgendwer noch mehr Geld verdient, soll ich auf Privilegien oder eine gute Ausstattung verzichten? Und bezüglich unserer Abläufe: Bis gestern habe ich meine Informationen immer vom Kollegen X bekommen. Den mag ich und der hat den besten Kaffee in der Abteilung. Und nur weil jemand den Prozess optimieren will, muss ich mir die Informationen jetzt vom Kollegen Y besorgen, den ich noch nie leiden konnte?" Oft geht es anscheinend nur um Kleinigkeiten –

für die Betroffenen aber um eigene Interessen beziehungsweise sogar um grundlegende Sicherheit und Orientierung. Oder um reibungslose – weil über lange Zeit erprobte – Arbeitsabläufe. Der menschliche Faktor ist im Tagesgeschäft nicht zu unterschätzen.

Es ist spannend zu beobachten, wie sehr die Bereitschaft zur Veränderung bei Mitarbeitern in Krisenzeiten zunimmt. Ganze Belegschaften verzichten plötzlich auf ihr Weihnachtsgeld. Jetzt wissen sie ja auch, wofür sie das tun. Ein absolut nachvollziehbares Verhalten.

Und für alle Berater und Entscheider ergibt sich daraus eine klare Lehre: Viele Menschen mögen keine Veränderungen und werden sich so lange dagegen wehren, bis ihnen klar geworden ist, warum es *für sie* (!) notwendig ist, etwas anders zu machen.

In der systemischen Organisationsentwicklung spricht man auch von einem Projekt als einen „Angriff der Organisation auf sich selbst". Eine Gruppe von Beratern in dunklen Anzügen stürmt das Gebäude und nur wenige Eingeweihte wissen, worum es geht. „Wie wird mich das betreffen? Was hecken die wohl aus? Besser, ich gehe einmal in eine Abwehrhaltung."

Der zweite Fall („Jein, der Klient möchte schon etwas ändern, ist sich aber noch nicht sicher") ist vielleicht die größte Quelle an Frustration. Man galoppiert zwar an, verweigert aber kurz vor dem Hindernis den Sprung. Obwohl alles richtig ist: Geschwindigkeit, Distanz zum Hindernis, der richtige Fuß ist vorne und fit genug ist man auch. Auf die Managementwelt übertragen heißt das, alle notwendigen und hinreichenden Argumente liegen auf dem Tisch, alle sind sich über die Sinnhaftigkeit einig, aber die Entscheidung wird trotzdem nicht getroffen.

In einigen Fällen ist es vielleicht wirklich auf Trägheit zurückzuführen. Der Klient scheut den Aufwand der mit der Entscheidung verbundenen Veränderung. Vielleicht hat er aber auch andere Dinge im Kopf, die doch gerade wieder wichtiger sind.

Es gibt noch verschiedene Ansichten oder ungeklärte Fragen – dies ist wohl der häufiger vorkommende Fall. Vielleicht fehlen noch ein paar Detailinformationen. Vielleicht liegen aber sogar alle Vor- und Nachteile auf dem Tisch und man ist sich nur noch nicht einig über die Priorisierung. Das kann natürlich frustrierend sein, aber es hat trotzdem wenig Sinn, sich über die Klienten zu ärgern. Die einzig sinnvolle Konsequenz für den Berater wäre, vom Experten- zum Prozessberater zu mutieren. Das heißt, er sollte damit aufhören, seine Position inhaltlich zu verteidigen, und stattdessen klären, was erforderlich ist, um eine Entscheidung herbeizuführen. Und meistens redet man dann nicht mehr über Inhalte, sondern über Unsicherheit, Angst oder fehlende Motivation.

Noch häufiger ist allerdings der Fall, dass die Konsequenzen einer Empfehlung wirklich erst später im Prozess im ganzen Ausmaß der Bescherung transparent werden. Sei es nun die Zahl der von der Veränderung Betroffenen oder die „Größe" der Veränderung. Die Entscheider kennen natürlich die Mitarbeiter ihrer Organisation besser als die Berater und können auch die möglichen Reaktionen in der Regel besser einschätzen. Und dies stellt eine mögliche Quelle von Befürchtungen und Vorsicht dar: Was ist, wenn die Organisation bei den tiefgreifenden Veränderungen so aus den Fugen gerät, dass hinterher gar nichts mehr funktioniert? Oder wenn gerade die älteren Kollegen mit den Neuerungen überfordert sind? Können wir uns die notwendige „Fehlertoleranz", die wir aufbringen müssen, bis der neue Prozess wieder rundläuft, gerade in Krisenzeiten leisten? Was passiert mit der Motivation der Mitarbeiter? Sind tatsächlich alle Auswirkungen dieser Veränderung betrachtet worden – auch die der zweiten oder dritten Ordnung?

Gegen diese zweite Gruppe wird dann häufig noch ein weiteres Vorurteil ins Rennen geführt: Klienten sind entscheidungsunfreudig.

Es wäre sicherlich für beide Seiten hilfreich, wenn die Klienten ihre Befürchtungen noch offener kommunizieren und die Berater in diese Überlegungen einbeziehen würden. Andererseits sollten die Berater aber sowieso alle Antennen ausgefahren haben und ihre empathischen Fähigkeiten einsetzen: Sie sind bald wieder auf einem neuen Projekt, aber die Klienten – vor allem die, die von der ganzen Diskussion noch nichts mitbekommen haben – müssen mit den vorgeschlagenen Veränderungen dauerhaft leben.

Der dritte Fall, „der Klient will auf jeden Fall etwas ändern, aber eben nicht entlang der vorgeschlagenen Richtung", wird sicherlich den einen oder anderen Berater persönlich ärgern. Auf der anderen Seite sollte diese Situation am einfachsten zu akzeptieren sein. Der Klient hat mit Sicherheit gute Gründe für seine Position – auch wenn diese faktisch nicht richtig oder für den Berater nicht nachvollziehbar sind. Der Berater sollte sich einfach mit der Position des Klienten – oder dessen Beweggründen für diese Position – konstruktiv auseinandersetzen.

Es ist festzustellen, dass das Vorurteil „Klienten wollen sowieso nichts verändern" nur in ganz wenigen Einzelfällen zutrifft. Klienten haben in der Regel gute Gründe, sich gegen eine Veränderung zu wehren. Anstatt sich über Klienten in der Art zu äußern, sollten die Berater diese Gründe ernst nehmen und sich mit ihnen auseinandersetzen. Auch wenn es müßig erscheint oder inhaltlich nicht spannend ist. Es ist schlichtweg notwendig, wenn man eine Wirkung erzielen möchte.

Vorurteil Nummer 3: Klienten behindern uns nur – ohne sie ginge alles viel schneller

Dieses Vorurteil ist prinzipiell wahr. Ohne die Klienten kämen die Berater viel schneller zu einer Lösung. Sie müssten sich nicht mit den lästigen Fragen und Störfeuern der Klienten herumschlagen und nicht unzählige Meetings vereinbaren, um Themen abzustimmen oder „Buy in" zu generieren. Aber sie kämen mit Sicherheit auch nicht zu einer wirksamen Lösung. Stichwort „Mülltonne"!

In diesem Vorurteil spiegeln sich vor allem die Ungeduld und die (zeitliche) Getriebenheit der Berater wider. Erstens sind Projekte in der Regel zeitlich knapp bemessen – klar, bei den Kosten eines Beratereinsatzes. Insbesondere die notwendige Zeit für Abstimmungen wird in den Projektvorschlägen selten ausreichend berücksichtigt. Übrigens von beiden Seiten, aber dazu kommen wir im Kapitel über die operativen Verantwortlichkeiten noch ausführlicher.

Zweitens hat es auch etwas mit der inhaltlichen Orientierung der Berater zu tun. Berater werden schnell ungeduldig, wenn klare Entscheidungsvorlagen auf dem Tisch liegen und dann erst noch über Befindlichkeiten jeglicher Art diskutiert werden muss. Dafür war doch keine Zeit vorgesehen!

Drittens können wir noch einmal an die Erläuterungen im Zusammenhang mit dem ersten Vorurteil anknüpfen. Berater arbeiten den ganzen Tag nur an diesem einen Projekt. Klienten erledigen den ganzen Tag ihr Tagesgeschäft und arbeiten zwischendurch auch noch an dem Projekt. Da ist klar, dass ein Berater in diesem einen Thema einfach schneller unterwegs ist. Das heißt, er hat für sich schon viele Aspekte rund um die zentrale Frage durchdacht, bevor er eine Lösung präsentiert. Dass ein Klient auch ein Interesse daran hat, diese Aspekte für sich zu durchdenken, bevor er nun eine Entscheidung über diese Lösung trifft, wird vom Berater häufig unterschätzt beziehungsweise für überflüssig gehalten.

Ohne den Input der Klienten ist somit die Wirksamkeit eines Konzeptes bestenfalls reine Glückssache. Es ist völlig in Ordnung, dass ein Berater aufs Tempo drückt und den Prozess vorantreibt. Das ist sogar in vielen Projekten der wichtigste Wertbeitrag, den er leistet. Aber er sollte akzeptieren, dass er ohne den Input des Klienten und die Abstimmung von Ergebnissen nicht zu einem nachhaltig wertschaffenden Konzept kommen kann. Und das bedeutet, sich ein Stück weit auf das Tempo und die Bedürfnisse des Klienten einlassen zu müssen.

Es ist gut, die gegenseitigen Vorurteile zu kennen und zu akzeptieren, dass diese im Raum stehen. Nur so kann man sich konstruktiv mit ihnen auseinandersetzen.

Noch ein zusätzlicher Tipp für alle Auftraggeber: Stellen Sie sich schützend vor die Berater und erklären Sie am Anfang des Projektes, warum deren Einsatz wichtig ist. Wenn Sie hier nicht präventiv für die Glaubwürdigkeit der Berater werben, kann das Ergebnis des Projektes allein aus Vorurteilen heraus per se in Misskredit geraten. Sprechen Sie neben der inhaltlichen Logik des Projektes auch über die Vorteile der „anderen Spezies". Und warum es sinnvoll ist, anstatt noch einmal mehr die eigenen Ideen durchzukauen, lieber neue Ideen von Externen zu diskutieren – auch wenn die zunächst erst mal scheinbar dumme Fragen über die Industrie stellen. Werben Sie dafür, dass sich Ihre Mitarbeiter offen mit den Beratern und ihren Ideen auseinandersetzen.

Das Gleiche gilt für die Verantwortlichen auf Beraterseite: Sprechen Sie mit Ihren Teammitgliedern über die Befindlichkeiten auf Klientenseite und darüber, in welcher Form man am besten als externer Berater damit umgeht, um ein effektives und effizientes Projekt zu ermöglichen.

Und vielleicht sprechen auch Klienten und Berater beim Kick-off-Meeting einmal gemeinsam über die gegenseitigen Vorurteile und übersetzen diese konstruktiv in Spielregeln für den Umgang im Projekt.

Man kann nie wissen, ob es jemals gelingen wird, die hier genannten Vorurteile aus allen Köpfen zu eliminieren. Aber man darf die Hoffnung haben, dass es gelingen kann, diese Vorurteile nicht zu Hindernissen in Bezug auf die Effektivität und die Effizienz von Projekten werden zu lassen.

2 Auf einen verbindlichen Stil im Umgang miteinander achten

Oder: Arrogantes Verhalten führt einen Berater genauso wenig zum Ziel wie Verschlossenheit einen Klienten

Die größte Unzufriedenheit, die Klienten und Berater hinsichtlich gemeinsamer Projekte äußern, zielt fast ausschließlich auf das Verhalten und die Umgangsformen des jeweils anderen ab. Berater beklagen sich bestenfalls noch über ein Ungleichgewicht zwischen dem oft wenig spannenden Inhalt und der investierten Zeit. Aber in der Regel geht es um konkretes Verhalten einzelner Personen und um spezifische Situationen. Diese Unzufriedenheit ist der Beginn eines sich verstärkenden Teufelskreises: Man ärgert sich über den anderen und verhält sich entsprechend. Das Gegenüber reagiert auf das Verhalten ebenfalls in einer abgrenzenden Weise und verstärkt dadurch die Unzufriedenheit.

Ein gutes persönliches Miteinander fängt – wie immer im Leben – mit dem ersten Eindruck an. Also in den Vorgesprächen, der Proposal-Phase, der Auftragsklärung oder spätestens im Kick-off. Wenn man in diesen frühen Phasen schon signalisiert, dass Inhalte wichtiger sind als eine gute Beziehung, etwa durch 150 Seiten ausgefeilter Präsentation zur Auftragsklärung anstelle eines konstruktiven Dialogs, dann wird man das später nur mit sehr großem Aufwand wieder ausbalancieren können – wenn überhaupt.

2.1 Ein gutes Projekt erkennt man daran, dass viel miteinander und wenig übereinander gesprochen wird

Ein gutes Projekt erkennt man daran, dass unterschiedliche Positionen konstruktiv diskutiert und nicht debattiert werden. Und in einem richtig guten Projekt wird im gemeinsamen Teamraum mit Klienten und Beratern sogar gelacht.

Gute Projekte starten von Anfang an mit verbindlichen Umgangsformen. In meinen eigenen ersten Jahren als Berater hat mich ein Partner damit beeindruckt, dass er im Büro des Klienten im Vorbeigehen auf dem Flur

den Kopf durch jede offenstehende Tür gesteckt und ein fröhliches „Hallo"
hineingerufen hat. Oft sogar mit Handschlag. Und zwar bei jedem Mitarbeiter, nicht nur bei den Beteiligten im Projekt oder gar nur den Verantwortlichen. Das hatte ich vorher weder bei meinen Kollegen erlebt, noch
war es bei dem Klienten üblich. Das Ergebnis war immer (!) ein Lächeln
auf den Gesichtern der Mitarbeiter in den Büros. Zwangsläufig. Und da
wir uns als junge Berater natürlich an dem Verhalten dieses Partners orien-
tiert haben, war das Miteinander im Projekt immer freundlich. Auch bei
den schwierigsten inhaltlichen Auseinandersetzungen. Einfache Dinge sind
oftmals am wichtigsten.

Das Verhalten von Klienten wie von Beratern wird von der Haltung dem
jeweils anderen gegenüber geprägt. Sei es nun basierend auf persönlichen
Erfahrungen oder auf Vorurteilen. Sei es nun in Bezug auf die Person oder
die Rolle dieser Person.

Genauso wird das Verhalten auch von der allgemeinen sozialen Prägung,
den Werten und Fähigkeiten des Einzelnen beeinflusst. Zur sozialen Prägung gehört nicht nur das Elternhaus, sondern auch die jeweilige Unternehmenskultur des Klienten und der Beratung. Und zu den wichtigen
Tugenden gehört vor allem die Fähigkeit zur Selbstreflexion. Damit haben
wir uns im vorherigen Kapitel beschäftigt.

Dieses Buch erhebt nicht den Anspruch einer tiefenpsychologischen Analyse. Aber es soll einerseits das Bewusstsein für bestimmte Verhaltensweisen und deren Konsequenzen schärfen und andererseits für Verständnis in
Bezug auf störende Verhaltensweisen werben – ohne sie zu entschuldigen.

Eine Voraussetzung für ein wertschätzendes Miteinander ist es, die Gründe für das Verhalten des anderen zu hinterfragen und wohlwollend zu
interpretieren, bevor man es verurteilt. Und das gilt für alle Beteiligten.

2.2 Ein Mindestmaß an sozialen Umgangsformen wird von allen Beteiligten erwartet

Es gibt bestimmte Verhaltensweisen, auf die beide Seiten und alle Hierarchieebenen achten sollten. Eine vollständige Liste an wertschätzenden Ver-
haltensformen würde den Umfang dieses Buches sprengen. Also konzen-
trieren wir uns auf die, die am ehesten eine Wertschätzung oder eben der
Mangel an Wertschätzung für die andere Person zum Ausdruck bringen:

- höfliche Umgangsformen,
- Pünktlichkeit,
- Verbindlichkeit,
- Kommunikationsdisziplin.

Höfliche Umgangsformen

Höfliche Umgangsformen umfassen die gesamte Bandbreite der Business-Etikette. Von der Kleidung über die Wahl der Sprache und der Körpersprache bis hin zur Frage, wer als Erster durch die Tür geht oder wer das Meeting eröffnet. Die Details kann der geneigte Leser in der entsprechenden Literatur nachlesen.

Eine Selbstverständlichkeit? Zum Glück in den meisten Fällen ja. Aber leider nicht immer.

Ein Senior-Berater erzählte mir von einem Projekt, welches er über ein Jahr hinweg im Rahmen einer Vertriebsoptimierung durchgeführt hat. Aus seiner Sicht erfüllten die Umgangsformen alle Klischees über männerorientierte Vertriebler: rauer Umgangston, abfällige Bemerkungen, anzügliche Witze, Disziplinlosigkeit. Und dann wurde nach circa sechs Monaten eine Beraterin in das Projekt einbezogen. Und plötzlich blieben die Jacketts angezogen, Meetings wurden pünktlich begonnen, die Klienten haben den Beratern Kaffee angeboten, wenn sie in ihr Büro kamen und so weiter. Aber der Senior-Berater vergaß auch nicht zu erwähnen, dass sich die Atmosphäre auch innerhalb des Beraterteams verändert hatte. Es wurde weniger über den Klienten gelästert und das Team war sehr viel bemühter, tagsüber effizient zu arbeiten, um pünktlich Schluss zu machen und lieber noch essen zu gehen. Sollte dieser Sieg nicht auch ohne den Einsatz „taktischer Waffen" erreichbar sein?

Übrigens, ehe jetzt wegen der Bezeichnung „taktischer Waffen" jemand eine einseitige Betrachtungsweise mutmaßt: Ich habe mehrmals Berichten von reinen Berater-Frauenteams zugehört. Der Kommentar der Beteiligten war meistens: „Nie wieder!" Die hätten sich den Einsatz einer „taktischen männlichen Waffe" gewünscht.

Pünktlichkeit

Pünktlichkeit könnte man sicherlich auch in die Themen „höfliche Umgangsformen" oder „Verbindlichkeit" einfließen lassen. Aber dafür ist dieser Punkt zu wichtig und wird zu häufig zum Anlass für Kritik. Da in der heutigen Arbeitswelt „Zeit" zum wichtigsten Gut geworden ist, ist Pünktlichkeit mehr denn je ein Ausdruck von Respekt. Man könnte den Eindruck gewinnen, dass viele Klienten und Berater mittlerweile japanische Glaubenssätze übernommen haben: Je länger man den anderen warten lässt, desto wichtiger ist man. Das gilt vor allem auch bei internen Meetings.

Besonders ineffizient wird es, wenn zwischen Klient und Berater die prinzipielle Augenhöhe noch nicht geklärt ist und beide versuchen, sich darin zu übertreffen. Aber: Erstens ist die Augenhöhe grundsätzlich geklärt, da der Klient den Berater bezahlt, das heißt, auch der Junior-Klient sollte nicht auf den Senior-Berater warten müssen. Und zweitens sollte prinzipiell nie jemand den anderen nach einer vereinbarten Zeit warten lassen – nicht einmal der ranghöchste Klient, also quasi das am höchsten dotierte Pferd im Stall.

In einer Coaching Session hat sich einmal ein Berater furchtbar darüber aufgeregt, dass sich der Klient bei ihm beschwert hat: „Da schnauzt der mich an, nur weil ich in Meetings immer fünf Minuten zu spät komme – sollen sie doch einfach ohne mich anfangen. Ich habe zurzeit so viel zu tun, ich kann es mir gar nicht leisten, fünf Minuten vor der Zeit dort zu sein und dann vielleicht auf die zu warten." Abgesehen davon, dass man mittlerweile ebenso viele Geschichten über Klienten hören kann, die ein Problem mit Pünktlichkeit haben, ist dieses Verhalten mit nichts zu entschuldigen.

> „Wir beurteilen andere nach ihrem Verhalten, aber uns selber nach unseren Absichten."
>
> (Quelle unbekannt).

Goldene Regel Nummer 6 (Klienten und Berater)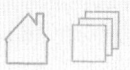

Hinterfrage die Gründe für das Verhalten des anderen und interpretiere diese wohlwollend, bevor Du ihn verurteilst.

Denken Sie doch einmal an die Personen, die Sie in einem Gespräch oder Meeting einmal am meisten beeindruckt haben. Sehr wahrscheinlich ist es, dass diese Personen nicht nur pünktlich waren, sondern vor allem auch präsent. Präsenz bedeutet in diesem Fall, dass sie nicht von ihrer eigenen Agenda blockiert waren oder während des „Hallo"-Sagens noch den Laptop hochgefahren haben, sondern dass sie Ihnen das Gefühl gegeben haben, in diesem Moment nur für Sie da zu sein. Das erfordert sicherlich mehr als nur Pünktlichkeit – aber Pünktlichkeit ist eine notwendige Voraussetzung.

Verbindlichkeit

Verbindlichkeit heißt, Zusagen einzuhalten. Im Abschnitt „Eine wertschätzende Haltung dem jeweils anderen gegenüber einnehmen" haben wir schon über das Thema Vertrauen gesprochen. Vertrauen ist ohne Verbindlichkeit schwierig.

Natürlich sind die wenigsten Menschen absichtlich unverbindlich. Die wenigsten Menschen haben bewusst schlechte Absichten. Ein Mangel an Verbindlichkeit entsteht meistens unter besonderen Rahmenbedingungen: eine Verkaufssituation, die zu entgleiten droht, Profilierungsbedürfnis, Unsicherheit, Zeit- oder Leistungsdruck, Überforderung. Hier wäre ein Mangel an Verbindlichkeit durchaus nachvollziehbar und im Einzelfall sollte man einfach einmal darüber hinwegsehen.

Anders bei ständiger Unverbindlichkeit oder Unverbindlichkeit aus Absicht, Ignoranz, politischer oder taktischer Überlegung.

Die meistzitierten Beispiele gehen diesmal in Richtung der Klienten: Es gibt kaum ein Projekt, in dem die versprochenen Daten zur zugesagten Zeit, vollständig, fehlerfrei und konsistent geliefert werden. Und es gibt kaum ein Projekt, in dem die zugesagten internen Ressourcen des Klienten tatsächlich verfügbar sind und die zugesagten Kompetenzen und Entscheidungsbefugnisse haben. Und wie oft werden zugesagte, wichtige Meetings in letzter Minute verschoben. Jetzt könnte man sagen, der Klient trägt ja die Verantwortung für den Projekterfolg, er ist also selber schuld. Ein kundenorientierter Berater wird sich aber immer auch für das Ergebnis des Projektes verantwortlich fühlen. Und damit entsprechen diese Verhaltensweisen einer Abbuchung vom „Verbindlichkeits"-Konto.

Kommunikationsdisziplin umfasst die ganzen Klassiker:

- Den anderen anschauen.
- Den anderen ausreden lassen.
- Dem anderen bis zum Schluss zuhören und nicht schon im Kopf die Reaktion formulieren oder gar aus Ungeduld seine Sätze vervollständigen.
- Den anderen erst verstehen wollen, dann verstanden werden.
- Die Position und Argumente des anderen in Erwägung ziehen.
- Nicht unnötig oft und lange reden.
- Auch die ansprechen, die sich nicht von sich aus zu Wort melden.
- Pausen aushalten (man könnte sie zum Beispiel zum Nachdenken nutzen).

Auch hier ist die Ursache in der Regel wieder auf der Seite der Fähigkeiten und der Einflüsse des Umfeldes zu suchen. Auch wenn es wohl mittlerweile keinen Klienten und keinen Berater mehr gibt, der noch nicht an einem Kommunikationstraining teilgenommen hat, fehlt vielen letztlich einfach das Bewusstsein für diese Grundregeln einer effektiven Kommunikation. Und die Tatsache, dass immer mehr per E-Mail kommuniziert wird und der Blackberry dazu verleitet, nicht einmal mehr in ganzen Sätzen und grammatikalisch richtig zu schreiben, hilft auch nicht. Man muss ja manchmal schon froh sein, wenn die E-Mail noch eine Anrede und einen Gruß mit Absender enthält. Und natürlich spielen auch hier Zeitdruck, Ungeduld und Besserwisserei eine Rolle.

2.3 Besonders sensibel reagieren Klienten auf die Verhaltensweisen, mit denen der Berater sein Klischee erfüllt

Zum Klischee eines Beraters gehören viele positive Eigenschaften, die sein Verhalten prägen. Und die werden von Klienten auch immer wieder hervorgehoben: hohe Einsatzbereitschaft, Engagement, schnelle Reaktionszeiten, ein hoher Anspruch, Ehrgeiz, Flexibilität, Disziplin und Konsequenz. Berater sind in der Regel 24/7 kontaktierbar. Einerseits resultiert daraus natürlich die extrem hohe Arbeitsbelastung. Aber das Arbeitspensum ist auch vom Inhalt her beachtlich. Und nicht nur hinsichtlich der Menge, die „weggearbeitet" wird, sondern auch in Bezug auf die Qualität. Berater scheuen sich nicht davor, auch über längere Zeiträume hinweg geradezu penetrant Prozesse voranzutreiben oder Dinge einzufordern, die für den Projekterfolg notwendig sind.

Umso bemerkenswerter sind die Verhaltensweisen der Berater, die die Kunden am häufigsten kritisieren:

- Profilierungsverhalten,
- ignorantes und arrogantes Verhalten,
- politisches und taktisches Verhalten.

Profilierungsverhalten

Bei all den negativen Vorurteilen und Klischees gegenüber Beratern: Den Vorwurf, ein Berater sei faul gewesen, habe ich noch nie gehört. Und trotzdem fühlt sich der gemeine Berater genötigt, dem Klienten regelmäßig auf den ersten 20 Slides einer Präsentation klarzumachen, wie fleißig er war: „Wir haben 27 Interviews in 13 Ländern in nur zwei Wochen geführt. Der Fragebogen umfasste 37 Fragen und je nach Adressat gab es neun Versionen. Wir haben 23 Analyst Reports studiert und 31 Gigabyte an Daten analysiert. Und schaut mal, wie sich Euer Umsatz in den vergangenen zehn Jahren entwickelt hat. Habt Ihr das gewusst?"

Zugegeben, jetzt wird in die gleiche Kerbe geschlagen, wie es alle anderen zu tun pflegen, die sich einen Spaß daraus machen, sich auf Kosten der Berater zu amüsieren. Um es etwas konkreter zu formulieren: Das von den Klienten kritisierte Profilierungsverhalten äußert sich folgendermaßen:

- Reden statt zuhören (siehe „Kommunikationsdisziplin"),
- schleimen und dem Klienten nach dem Mund reden,
- mit Slides erschlagen,
- mit Bestimmtheit und Floskeln Halbwissen vertuschen.

> „Man hat das Gefühl, sie schreiben nur deswegen so lange Präsentationen, damit ja keiner Lust hat, sie zu lesen und damit keine kritischen Fragen gestellt werden können. Ich weiß, dass das meine Schuld ist, ich könnte ja nachfragen. Aber dazu habe ich dann oft auch schon keine Lust mehr."
>
> (Bereichsleiter, nationales Logistikunternehmen).

Die Standardantwort der Berater auf die Frage, warum sie so viele Slides schreiben, ist: Die Klienten wollen das so. Wenn man die Klienten nach ihren Wünschen fragt, sagen sie: weniger und einfachere Slides. Vielleicht sollten die Berater in diesem Punkt dem Klienten einfach mal zutrauen, dass er meint, was er sagt.

In Wahrheit ist die Anzahl an Slides in den meisten Fällen beratungsintern getrieben. Da werden von den Projektleitern und Partnern ständig neue Fragen und Themen in den Raum geworfen, und Slides sind die übliche Form, Inhalte zu Papier zu bringen. Dazu kommt, dass die jungen Berater aus Unsicherheit darüber, was der Projektleiter denn nun genau möchte, lieber ein Slide mehr produzieren. Und dass der Projektleiter aus Unsicherheit darüber, was der Partner denn nun genau möchte, lieber ein paar Slides mehr produzieren lässt. Und dass der Partner ... der Punkt ist soweit klar.

Das Dumme ist, dass bei dieser ausufernden Slides-Produktion die Zeit für die Qualität (=Einfachheit!) der Slides fehlt. Wie oft hat man selber schon den Kommentar gehört: „Das Slide ist noch etwas einfach – können wir da nicht noch was Spannenderes dazuschreiben?" Wenn es am Tag vor der Präsentation heißt: „Toll, wir haben alles. Jetzt müssen wir es nur noch zusammenschieben", dann entstehen schneller 200-seitige Präsentationen als 20-seitige.

Floskeln ohne Inhalt sind ein weiteres Problem. Hier geht es zum einen um die Wahl der Sprache. Kaum ein Satz kommt ohne Füllwörter wie „signifikant", „relevant" oder „starker Anstieg" aus. Alles subjektive Bewertungen, die ohne Angabe eines konkreten Maßstabes für die Überzeugung eines Gesprächspartners wertlos sind. Dabei gibt es ohne Überzeugung keine Wirkung! Übrigens gilt dieser Vorwurf bezüglich eines oberflächlichen Wortgebrauchs auch für die meisten Klienten.

Auch bei vielen Wörtern, die nicht eine subjektive Bewertung ausdrücken sollen, kann es zu „Verpuffungen von harter Arbeit" kommen. Ich habe einmal über Monate hinweg alle Teilnehmer von Trainings oder anderen Gruppenveranstaltungen – auf Berater- wie auf Klientenseite – nach dem Unterschied zwischen „Effektivität" und „Effizienz" gefragt. Grob geschätzt war nicht einmal ein Viertel der Befragten dazu in der Lage. Andererseits sieht man wohl selten bis nie eine Präsentation, in der die beiden Begriffe nicht aufgetaucht sind.

Das Komplizierte dabei ist nicht, dass diese Begriffe rein aus „Profilierungsdrang" verwendet werden, dafür gibt es ja noch viel besser klingende Wörter. Das größere Hindernis für die eindeutige Klärung ist, dass die meisten Menschen überzeugt sind, die Bedeutung dieser Wörter zu kennen. Und selbst wenn sie unsicher sind, könnten Sie sich vorstellen, sich so etwas Banales wie „Effektivität" und „Effizienz" von einem Berater oder andersherum einem Klienten erklären zu lassen? Das wäre ja wohl furchtbar peinlich.

„Mir wäre ein ehrliches ‚Weiß ich nicht' oder auch mal nichts sagen lieber – an diesem Verhalten merkt man, ob sie wirklich Ahnung haben. Kaum zu glauben, dass viele Berater immer noch glauben, der Klient würde es nicht merken, wenn sie bluffen."

(Vorstand, globaler Versicherungskonzern)

„Die Berater glauben, man muss schnell beeindrucken können. Bei den Juniors ist das okay – das findet man auch bei den Einsteigern in unserem Unternehmen. Die erfahreneren Berater sollten eigentlich etwas gelassener sein."

(Bereichsleiter, globales Finanzinstitut)

Ignorantes und arrogantes Verhalten

Ignoranz und Arroganz sind Klischees, die Beratern gerne zugesprochen werden. Aber woran machen Klienten „Ignoranz und Arroganz" fest?

Der Berater:

- hat nur den Vorstand im Blick,
- behandelt seine Ansprechpartner als „Datenlieferanten",
- hält es nicht für nötig, sich bei einem Klienten auch einmal zu bedanken, zum Beispiel nach einem Interview,
- weiß alles besser und lässt keine andere Meinung gelten,
- ist ungeduldig und nimmt sich keine Zeit für wiederholte Erklärungen, wenn etwas noch nicht verstanden wurde,
- hackt alles nur in ein Template, ohne Raum für Erklärungen oder Individualität,
- bekämpft Widerstand, anstatt ihn zu erforschen,
- trägt Konflikte mit Klienten nicht aus, sondern geht einfach darüber hinweg,
- sagt: „Ohne die Klienten ginge alles viel schneller",
- ...

Ignoranz und Arroganz werden also nicht nur auf den Kommunikationsstil, die Umgangsformen und das äußere Erscheinungsbild reduziert, wie vielleicht der eine oder andere meint, sondern vielmehr an den Dingen festgemacht, die ein Berater nicht tut (Ansprechpartner ignorieren, sich nicht bedanken, andere Meinungen vielleicht anhören, aber nicht hinterfragen und erforschen, Individualität nicht verstehen wollen usw.).

Die Lösung besteht in der Regel nicht darin, sich anders zu verhalten, sondern einfach mehr zu machen. Nehmen wir den ersten Punkt von der obigen Liste: „Der Berater hat nur den Vorstand im Blick". Die Lösung lautet sicherlich nicht, den Vorstand zukünftig zu ignorieren, sondern auch die Belange und Befindlichkeiten der unteren Managementebenen mit im Blick zu behalten.

> „Ich erlebe immer wieder, dass sich Berater in den ‚Inner Circle' drängen. Bei mir erzeugt das nur Misstrauen. Nach außen sind sie total freundlich, aber hinter ihrem Rücken wetzen sie vielleicht schon die Messer. Sie sollten lieber darauf achten, die Bereichsleiter mitzunehmen, gerade wenn die mal wieder von der Alltagshektik abgelenkt sind. Letztlich bleibt die Arbeit ja sowieso an denen hängen. Und immerhin könnten die ja auch mal Vorstand werden."
>
> (Bereichsleiter, globales Finanzinstitut)

Spannend ist auch der Kommentar eines beratungserfahrenen und beratungsaffinen Vorstands auf die Frage, auf welcher Hierarchiestufe Berater eher zu Ignoranz und Arroganz tendieren. Erwarten könnte man ja, dass junge Berater aus Unsicherheit eher zu diesen Verhaltensweisen neigen und Erfahrenere aufgrund zunehmender Gelassenheit, Reife und Erfahrung das nicht tun. Das Gegenteil scheint der Fall zu sein: Inwieweit sich die Erfahrung dieses Vorstands mit Ihren eigenen Erfahrungen deckt, ist Ihrer eigenen Einschätzung überlassen.

> „Junge Berater verhalten sich oft stereotypisch. Sie sind vor allem sozial, engagiert und bemüht. Aber mit zunehmender Hierarchie nimmt auch die Überheblichkeit und Ignoranz zu. Im schlimmsten Fall werden sie schlicht zu aufdringlichen Verkäufern."
>
> (Vorstand, globaler Versicherungskonzern)

Politisches und taktisches Verhalten

Politisches Verhalten umfasst hierbei sowohl, sich in die interne Politik des Klienten einzumischen, also Partei zu ergreifen, als auch im eigenen Interesse Politik zu betreiben.

Der Berater wird nicht prinzipiell kritisiert, wenn er im Sinne eines bestimmten Klienten beziehungsweise einer bestimmten Klientengruppe oder auch im Sinne seines eigenen Interesses agiert. Kritisiert wird der Berater beziehungsweise sein Verhalten erst dann, wenn seine geforderte

Neutralität zu einer anderen Empfehlung führen müsste oder wenn der Berater zur Durchsetzung dieser Position auch unsachliche Argumente wählt.

Hierzu gehört jede Art von Polemik und Debattierverhalten über bewusstes Zurückhalten von Kenntnissen bis hin zu Drohungen und dem Verbiegen von Fakten.

Berater unterschätzen häufig die Sensibilität der Klienten in Bezug auf die Lobbyarbeit der Berater. Diese Sensibilität beruht in vielen Fällen durchaus auf konkreten, persönlichen Erfahrungen der Klienten, wird aber vor allem dadurch verstärkt, dass die Berater offensichtlich einen guten Draht zum Top-Management haben. Der einzelne Manager auf der mittleren Ebene bekommt meist nicht mit, was dort besprochen wird. Diese Intransparenz wirkt quasi als Katalysator für Misstrauen.

Zitiert wird in diesem Zusammenhang auch immer wieder die Taktik der Berater, eigene Mitarbeiter nach deren Ausscheiden in die wichtigsten Entscheiderpositionen innerhalb der Klientenorganisation zu pushen. Das nährt das bereits besprochene Vorurteil, dass Berater vor allem durch ihre Alumni und die persönlichen Beziehungen zu den Vorständen an ihre Projekte kommen.

Der Bereichsvorstand eines großen Konzerns erzählte in einem Gespräch, dass in seiner Organisation bereits mindestens 80 Exberater einer großen Strategieberatung in wichtige Linienfunktionen platziert wurden. „Die feiern mittlerweile ihre eigenen, geschlossenen Partys." Was als positives Netzwerk begann, nimmt nach Meinung des Vorstands mittlerweile mafiaähnliche Gestalt an.

Falls Sie sich nicht vorstellen können, dass Berater dem Klienten tatsächlich drohen könnten, hier ein anderer Bericht aus einem Gespräch mit einem Manager auf der mittleren Führungsebene: „Wir hatten einen Offsite-Workshop durchgeführt und von der Beratung A moderieren lassen. Als inhaltliche Grundlage haben wir unter anderem die Ergebnisse eines früheren Projektes genutzt, welches von Beratung B durchgeführt wurde. Kurz nach dem Workshop ruft mich ein Senior-Partner der Beratung B an und schreit mich an, wie wir dazu kämen, seine Unterlagen in einem Workshop einzusetzen. Da fragt man sich, wem gehören denn die Ergebnisse eigentlich? Heißt das, wir dürfen uns die Erkenntnisse zwar anschauen, aber nicht verwenden? Und dann schrie er weiter: ‚Passen Sie bloß auf, ich habe in Ihrem Haus ständig 30 Berater unter Waffen!' Eine absolute Unverschämtheit."

Natürlich müsste man jetzt den Einzelfall prüfen, ob die Nutzung der besagten Unterlagen nicht vielleicht doch einer Geheimhaltungsvereinbarung unterlag. Aber darum ging es in dieser Geschichte gar nicht. Denn der Manager war zu Recht in höchstem Maße empört über die Drohgebärden des Beraters.

Abschließend zum Thema „taktisches Verhalten" noch ein Zitat eines Vorstands eines globalen Finanzinstitutes, der selber früher viele Jahre bei einer der führenden Strategieberatungen tätig war: „Es ist bemerkenswert, wenn ich im Laufe von zwei bis drei Jahren einzelne Berater immer wieder in Proposals zu unterschiedlichen Themen treffe, und jedes Mal haben sie einen etwas anderen Lebenslauf, der sie genau zum Experten des jeweiligen Themas macht. Leider muss ich ja gestehen, dass ich diese Praxis von früher her kenne. Aber mittlerweile verurteile ich sie aufs Höchste."

2.4 Berater sind auch nur Menschen, allerdings eine besondere Spezies

Wir haben uns im vorherigen Kapitel schon mit der Frage beschäftigt, wer eigentlich Berater wird. Welche Art von Person fühlt sich von diesem speziellen Umfeld angezogen? Danach gehören als typische Merkmale sicherlich Neugier, Ehrgeiz und der Wunsch nach einer steilen Lernkurve zu den Beweggründen. In diesem Zusammenhang fiel auch der Ausdruck des „Insecure Overachiever", der wichtigsten Ausprägung des Persönlichkeitstypus.

Angefacht wird dieser hohe Anspruch an sich selbst noch durch den ständigen Zeitdruck, den Leistungsdruck und die Erwartungen in Relation zum hohen Tageshonorar.

Liebe Leser, wenn Sie zu der Gruppe der Klienten gehören: Können Sie sich vorstellen, wie sich ein 24-jähriger Studienabgänger an seinem ersten Tag als Berater fühlt, der bis gestern mit 500 Euro im Monat ausgekommen ist, der in höchstem Maße ehrgeizig ist, für dessen Geistes- und Arbeitskraft ein Klient mehrere 1.000 Euro am Tag bezahlt und der an diesem ersten Tag noch keine Ahnung von dem Klienten oder dessen Industrie hat? Wie würden Sie sich an seiner Stelle verhalten? Wählen Sie aus den folgenden drei Optionen:

• Sie laufen weg und überlegen sich Ihre Entscheidung, Berater zu werden noch einmal.

- Sie versuchen mit allen Mitteln, den an Sie gerichteten Erwartungen (bzw. Ihre Interpretation derselben) gerecht zu werden.

- Sie bleiben völlig gelassen und stellen einfach nur die richtigen Fragen.

Ich hatte einmal das Glück, einen Berater zu erleben, der von seinem ersten Arbeitstag nach dem Studium an die dritte Option gewählt hat. Obwohl er jung war und weder von der Industrie des Klienten noch von der spezifischen Fragestellung Ahnung hatte. Er hat nur Fragen gestellt. Hochinteressant! Das Ergebnis war, dass ihn die Klienten nach nur zwei Wochen ständig nach seiner Meinung gefragt haben. Er hatte es einfach geschafft, der Versuchung zu widerstehen, dem Klienten seine Meinung anzubieten, ohne vorher danach gefragt worden zu sein.

2.5 Klienten verhalten sich oft auch nicht besser

„Mein aktueller Klient behandelt mich besser als mein eigener Chef. Neulich hat mich bei einer Präsentation ein Bereichsleiter ganz blöd angegriffen – und zwar nicht sachlich, sondern persönlich. Da ist der Projektleiter der Klienten aufgestanden, hat mich in Schutz genommen und seinen Kollegen zur Rede gestellt. Das war echt super! In einer ähnlichen, schwierigen Situation, ungefähr zwei Wochen davor, hat unser eigener Partner nur versucht, das Ganze herunterzuspielen, indem er dem Bereichsleiter in der Sache einfach recht gegeben hat. Obwohl er nicht recht hatte. Von Rückendeckung keine Spur. Und dann habe ich mir von ihm hinterher noch ein blödes Feedback eingefangen, ich hätte den Klienten angeblich nicht im Griff. Wenn sich der Projektleiter des Klienten nicht so für mich eingesetzt hätte, würde ich versuchen, so schnell wie möglich vom Projekt herunterzukommen. Aber es macht halt einfach Spaß, für ihn zu arbeiten."

(Junior Consultant, globale Strategieberatung)

Dies ist nicht nur ein tolles Beispiel für gutes Klientenverhalten, sondern zeigt auch die positive Konsequenz. Es macht einfach Spaß, für und mit jemandem zu arbeiten, der einen gut behandelt. Es ist motivierend und man ist als Berater noch mehr als sonst bereit, sich voll einzubringen. Dass es noch dazu die Effizienz steigert, da man weniger Zeit damit verbringt, sich übereinander zu ärgern, muss wohl kaum erwähnt werden.

Sicherlich wird der eine oder andere Leser jetzt murmeln: „Das kann doch nicht sein, dass ich jeden Tag Tausende Euro bezahle und dann noch auf die Befindlichkeiten des Beraters achten soll. Und dass das Ergebnis davon abhängt, ob ich nett zu ihm bin oder nicht." Ja und nein. Die Erwartungshaltung ist völlig nachvollziehbar. Aber es ist nun einmal menschlich, dass jemand im Umfeld „netter" Menschen motivierter und engagierter ist. Und da gemäß den Beratungsverträgen nicht ein „Produkt", sondern ein „Bemühen" geschuldet wird, bleibt immer ein gewisser Freiheitsgrad hinsichtlich der Qualität und Quantität des Ergebnisses.

Als Klient hat man jetzt die Wahl, sich darüber zu ärgern oder den Berater einfach so zu behandeln, wie es sich für ein professionelles Miteinander gehört. Mehr muss es ja gar nicht sein, das wäre schon die Kür.

Goldene Regel Nummer 7 (Klienten)

Behandle Deinen Berater gut, dann bekommst Du auch das beste Ergebnis von ihm.

Berater stolpern neben den obengenannten grundlegenden Themen wie Höflichkeit, Pünktlichkeit, Verbindlichkeit und die Kommunikationsdisziplin, die für beide Seiten gelten, bei Klienten im Wesentlichen über zwei Verhaltensweisen:

- Abgrenzungsverhalten und
- Widerstand aus Selbstzweck.

Abgrenzungsverhalten der Klienten

„Berater muss man ab und zu in ihre Schranken weisen. Wenn man sich zu sehr öffnet und zu nett ist, liefert man sich ihnen aus. Und man wird auch gar nicht mehr ernst genommen."
(Marketingdirektor, globaler Industriegüterkonzern)

Dieser Marketingdirektor hatte schlechte Erfahrungen gemacht. Wenn Sie als Klient auf einen „schlechten Berater" gemäß unserer Definition im Kapitel I, 2.2 treffen, folgen Sie vielleicht besser dem Rat des Marketingdirektors als dem des Beraters. Wenn Sie aber noch keine konkreten, schlechten Erfahrungen mit dem aktuellen Berater gemacht haben – und hier geht es um die Einzelperson, nicht pauschal um das Beratungsunternehmen –, dann folgen Sie, mit angemessener Vorsicht, dem Grundsatz: „im Zweifel für den Angeklagten". Gehen Sie erst einmal davon aus, dass es sich um einen „guten Berater" handelt.

Zu typischen Verhaltensweisen von Klienten im Sinne einer Abgrenzung gehört zum Beispiel das Vorenthalten von Informationen. „Dem zeige ich jetzt mal, wer hier das Know-how im Haus hat. Er wird schon sehen, wie weit er ohne mich kommt." Das funktioniert prima! Der Berater wird in der Tat zu keinem besonders guten Ergebnis kommen. Und der Klient kann zu Recht sagen, er hat von Anfang an gewusst, dass es keinen Sinn hat, einen Berater einzubeziehen. Nur was bringt das? Da kann man wohl kaum von einem wirksamen Projekt oder von einer guten Investition sprechen.

Genauso wie bei Beratern findet man auch bei Klienten Profilierungsverhalten. Besserwisserei, unendliche Detailfragen in Meetings aus reinem Selbstzweck oder ewige Ausführungen über tolle Leistungen aus der Vergangenheit – oft ohne jede Relevanz für das aktuelle Projekt.

Am schlimmsten ist es für den Berater allerdings, wenn der Klient ihn von oben herab herumkommandiert. Am besten noch in einem abfälligen Ton. Ein Projektmanager einer der großen Beratungen erzählte mal, dass sein aktueller Klient den Begriff „Slide-Huren" im Zusammenhang mit Beratern geprägt hätte. Das ist nicht nur arrogant, sondern auch respektlos.

Ich selbst stand als Berater während eines Projektes einmal mit dem Projektleiter des Klienten auf dem Flur, als ein Kollege von ihm vorbeikam. Er blieb stehen, schaute mich von oben bis unten abschätzend an. Der Projektleiter stellte mich vor und erwähnte kurz, worum es in dem aktuellen Projekt ging und warum wir als Berater da waren. Daraufhin sagte der Kollege: „Prima. Wenn die schon mal da sind, könnten die sich doch auch um das Thema X und Y und Z kümmern. Und die Fragen A, B, und C wollten wir auch schon lange einmal beantwortet haben." Der Projektleiter lachte und sagte: „Du, mach' mal langsam. Auch ein Beratertag hat nur 16 Stunden." Darauf der Kollege mit noch abschätzigerem Blick auf mich: „Wieso, ist doch egal, ob die umfallen. Wo der herkommt, da gibt's noch viele andere." Und das war nicht als Scherz gemeint. Dem Projektleiter blieb die Spucke weg – mir übrigens auch – und er hat sich später in aller Form für seinen Kollegen entschuldigt.

Zugegeben, dies ist sicherlich – oder hoffentlich – ein extrem seltenes Beispiel von respektlosem Verhalten. Zumindest was die Direktheit und Tonalität angeht. Aber in abgespeckter Form findet man es häufiger.

Ein Abteilungsleiter einer deutschen Bank antwortete auf meine Frage, wie er zum Einsatz von Beratern stehe: „Finde ich super! Am besten ist, dass ich denen abends, bevor ich gehe, einfach noch ein paar Fragen und alle meine Themen per E-Mail schicken kann, die ich nicht geschafft habe. Und morgens, wenn ich an den Schreibtisch komme, habe ich eine fertige Präsentation in der Inbox." Von echter Wertschätzung kann hier wohl kaum die Rede sein.

Widerstand aus Selbstzweck oder in verdeckter Form

Jedes Beratungsprojekt hat etwas mit Veränderungen zu tun oder zielt zumindest auf eine Veränderung ab. Das muss noch nicht einmal etwas so Großes wie eine Restrukturierung sein – bei der es um persönliche Schicksale und Veränderungen von Zugehörigkeiten, Aufgaben und Verantwortung geht –, oder eine Prozessoptimierung, die alltägliche Routinen in Frage stellt, die bislang Sicherheit und Orientierung geboten haben.

Wir haben es bei Veränderungen in der Bugwelle von Beratungsprojekten häufig mit mentalen Modellen und Glaubenssätzen, „Um-Priorisierung" von Themen und dem Verhältnis der Geschäftsbereiche untereinander zu tun.

Veränderungen rufen auch immer Widerstand hervor. Es liegt nun einmal in der menschlichen Natur, sich zumindest mit einer gewissen Trägheit und Skepsis gegen Veränderungen zu wehren, abhängig natürlich von der Persönlichkeitsstruktur des Einzelnen.

In Beratungsprojekten trifft man daher immer auf Widerstand, was ganz natürlich ist. Es ist geradezu erstaunlich, dass sich manch ein Verantwortlicher in Organisationen oder aber auch Berater immer noch darüber wundern, dass nicht jeder Mitarbeiter „Hurra" schreit, wenn es um ein Projekt zur Kostenreduktion geht.

Ein befreundeter Coach hat bei einem Seminar zum Thema „Projektmanagement ist auch Krisenmanagement" einmal gesagt: „Das Werdende wird dem Gewordenen zum Vorwurf." Jeder Vorschlag, etwas anders zu machen, impliziert natürlich die Aussage, der jetzige Zustand sei nicht (mehr) gut genug. Und die meisten Menschen werten dies als Vorwurf, auch dann, wenn es gar nicht so gemeint ist. Und auf Vorwürfe reagieren Menschen üblicherweise mit Widerstand.

In diesem Sinne gibt Widerstand Aufschluss darüber, dass ein Klient noch nicht vollständig von der Richtigkeit und Sinnhaftigkeit der Veränderung überzeugt ist. Egal, ob auf der inhaltlichen, persönlichen oder emotionalen Ebene.

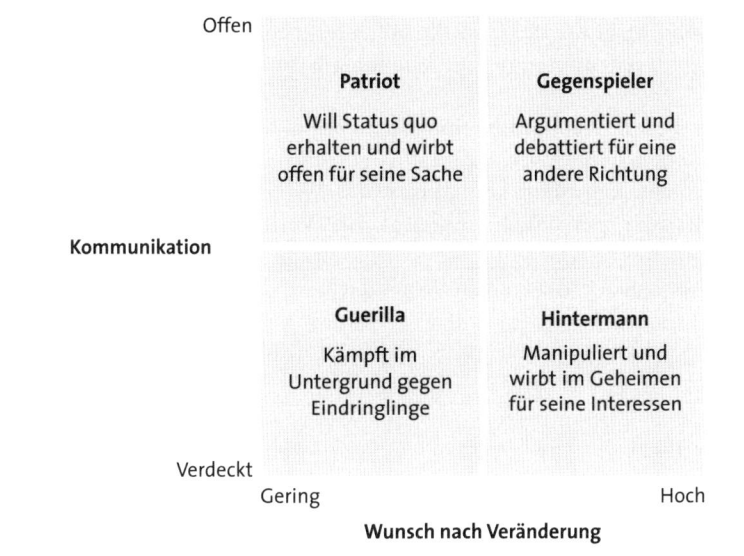

Abbildung 2: Typische Formen des Widerstands

Widerstand wird auf unterschiedliche Arten kommuniziert: offen, manchmal sogar öffentlich – oder aber verdeckt, durch Lobbying, Schweigen oder durch verhindernde Verhaltensweisen.

Widerstand wird im Wesentlichen durch zwei Motivationen getrieben: einem generellen Unwillen gegenüber Veränderung sowie einer Befindlichkeit in Bezug auf die Person des Beraters. Oder einem eigenen inhaltlichen Ziel, welches nicht mit der vom Berater vorgeschlagenen Richtung übereinstimmt.

Wenn es um den Erhalt des Status quo geht, kann man den Patrioten, der offen für seine Sache eintritt, Argumente vorbringt und erst im äußersten Fall zur Waffe greift, von dem Guerilla unterscheiden. Letzterer sucht kaum die Möglichkeit zur Verhandlung, er agiert lieber im Untergrund und wird dort aktiv, wo er zielgerichtet, überraschend und möglichst ohne eigenes Risiko stören kann. Auf der anderen Seite stehen die Personen, die auch eine Veränderung herbeiführen möchten, aber eben nicht die Position der Berater vertreten. Hier unterscheidet sich der Gegenspieler von dem Hintermann. Der Gegenspieler tritt wie der Patriot offen für seine Position ein und versucht, Anhänger für „seine" Veränderung zu finden. Der Hintermann wirkt wie der Guerilla im Untergrund und versucht dort, seine Anhänger zu rekrutieren und gegebenenfalls zu manipulieren.

Da es in diesem Kapitel um eine Betrachtung der konkreten Verhaltensweisen von Klienten dem Berater gegenüber geht, hier ein kurzes Zwischenfazit: Ein offen kommunizierter Widerstand ist gut, egal ob er inhaltlich oder persönlich motiviert ist. Verdeckter Widerstand oder Widerstand aus reinem Selbstzweck ist kontraproduktiv und verhindert die Wirksamkeit und Effizienz von Projekten.

Zu den Verhaltensweisen eines verdeckten Widerstandes gehört zum Beispiel:

• Daten nicht pünktlich oder nicht in der zugesagten Form zu liefern; Datenlücken stellen genauso wie 50 Gigabyte große Datenberge sicher, dass der Berater nicht wirksam und effizient arbeiten kann.

• Nicht verfügbar zu sein und Termine immer wieder zu verschieben.

• Jede Woche zwei Jour fixes einzufordern und damit den Berater handlungsunfähig zu machen, da er sich nur noch mit der Erarbeitung von Status-Updates beschäftigt.

• Sich nicht oder nicht konstruktiv in die Diskussion und den Prozess einzubringen, sondern erst bei der Abschlusspräsentation seine Meinung kundzutun.

• Diskussionen ohne Argumente zu führen, sondern mit reiner Polemik.

Und natürlich gibt es eine lange Liste an bekannten Äußerungen von Klienten, die letztlich auch auf einen Widerstand gegen Veränderungen hinweisen:

- Ständige Veränderungen bringen doch nur Unruhe.
- Neuerungen werden von anderen nicht gewünscht.
- Das haben wir schon mal probiert – das klappt sowieso nicht.
- Wollen Sie sagen, unsere Arbeit sei schlecht?
- Bei uns ist alles in Ordnung.
- Wir haben schon sechs Restrukturierungen hinter uns.
- Unsere Erfahrung gibt uns recht.
- Die anderen Bereiche machen auch nichts.
- Wir haben bisher so toll gearbeitet.
- Management-Moden kommen und gehen, wir müssen sie nur aussitzen.
- Wir brauchen das Geld für sinnvollere Dinge.
- Wir haben erst mal die alten Themen aufzuarbeiten.
- Steht doch schon alles in der Strategie.
- Früher haben wir nur zwei Meetings im Jahr gemacht und es ist auch gut gelaufen.

Oder auch persönlicher:

- Habt Ihr sonst nichts zu tun?
- Was glauben Sie eigentlich, wer Sie sind?
- Ihr wollt doch sowieso nur weiterverkaufen.

An dieser Stelle vermischen sich Haltungsthemen mit Verhaltensweisen. Das Bedienen von Vorurteilen, wie schon im vorigen Kapitel dargelegt, trägt sicherlich nicht zu einem wertschätzenden Miteinander bei.

Auch Drohungen sind ein Ausdruck von Widerstand. Und genau wie für einen Berater sind Drohungen auch für einen Klienten kein angemessenes Verhalten.

„Im Rahmen einer Post-Merger-Integration wurde ich von einem Geschäftsführer eines Tochterunternehmens einmal angebrüllt: ‚Herr XXX, wenn Sie dieses Thema noch einmal beim Vorstand einbringen, sollten Sie sich über Ihre eigene Karriere Sorgen machen.' Da war ich erst ein Jahr dabei und das hat mir eine schlaflose Nacht bereitet."

(Junior-Berater, globale Strategieberatung)

2.6 Klienten sind auch nur Menschen, und zwar die normale Spezies

Weiter oben wurden einige Besonderheiten der Spezies der Berater beschrieben und bei den Klienten für Verständnis für diese Besonderheiten und dem daraus resultierenden Verhalten geworben.

Jetzt soll bei den Beratern unter den Lesern für Verständnis geworben werden. Anknüpfend an die Erläuterungen im vorhergehenden Kapitel verhalten sich auch die Klienten folgerichtig – nur eben aus anderen Motivationen und Prägungen heraus.

Wir erinnern uns, die Bandbreite an persönlichen Prägungen, Werten und Motivationen ist deutlich größer als beim Typus des Beraters. Und jeder Klienten-Typus hat auf seine Weise Potential, sich an den Beratern zu reiben. Der Klient, der selber ein ehrgeiziger Macher ist, sieht in dem Berater möglicherweise einen Konkurrenten im Kampf um die Gunst seines Vorgesetzten. Und der Klient, bei dem die Arbeit oder die berufliche Karriere nicht an erster Stelle im Leben steht, sieht in dem Berater möglicherweise eine Gefährdung seiner liebgewonnen Gewohnheiten und Routinen. Und der Klient, der vielleicht weniger selbstbewusst und extrovertiert auftritt, fühlt sich möglicherweise vom Berater eingeschüchtert.

Vielleicht hat der Klient auch Angst davor, dass der Berater mit seinen persönlichen Beziehungen oder seinen inhaltlichen Ergebnissen für ihn zu einer Bedrohung wird. Jobverlust ist hier ein gängiges Thema. Oder er hat konkrete, schlechte Erfahrungen mit Beratern gemacht. Frustrationen, enttäuschte Eitelkeiten und die eigene Arroganz sind Ursachen für wenig wertschätzende Verhaltensweisen.

Es kann aber auch ganz praktische Gründe für die genannten Abgrenzungsverhaltensweisen und Widerstand geben: Vielleicht hat der Klient tatsächlich keine Zeit, andere Prioritäten oder andere Vorgaben von seinem Chef.

Im Endeffekt möchte auch jeder Klient, genau wie ein Berater, von seinem Chef für seine Leistung Anerkennung erhalten. Und da wird es für ihn ein Riesenproblem, wenn der Berater neben ihm besser aussieht (leistungsbezogen, nicht körperlich). Oder noch schlimmer, wenn der Berater seine Ergebnisse nutzt und so in die Präsentation einarbeitet, dass der Klient als Absender nicht mehr zu erkennen ist.

Noch einmal, auch für den Berater gilt: Immer erst nach den Gründen des Klienten suchen und wohlwollend interpretieren, bevor man ihn verurteilt. Die „hidden agenda" eines Klienten ist meistens wohlüberlegt und nicht immer schlecht.

2.7 Klare Fronten

Eigentlich hätten wir uns das ganze Kapitel mit der folgenden Aussage sparen können:

Der Klient bestellt die Musik und zahlt die Rechnung. Damit geht es de facto nicht um eine gleichberechtigte Beziehung (Beraterdeutsch: „partnerschaftliches Miteinander"), sondern die Rollen sind geklärt. Und im Zweifel oder im Konfliktfall muss sich der Berater eher dem Klienten anpassen als andersherum.

Goldene Regel Nummer 7 (Berater)

Vergiss nicht, dass der Klient Deine Rechnung bezahlt und dass es um sein Anliegen geht.

In einem „Blockbuster"-Projekt, in dem gute Berater auf gute Klienten stoßen, kommt dieses Gefälle allerdings gar nicht zum Ausdruck. Die Verhaltensweisen beider Seiten spiegeln ein hohes Maß an gegenseitiger Wertschätzung wider und ein gemeinsames Interesse an einem wirksamen und effizienten Projekt.

In diesen „Blockbuster"-Projekten ist es übrigens auch eine Selbstverständlichkeit, regelmäßig zusammen über die Art des Miteinanders zu sprechen. Im Gegensatz zu den anderen Arten von Konstellationen, in denen man miteinander über Inhalte und über Beziehungsthemen nur hinter dem Rücken des anderen redet.

Dieser offene Austausch kann „formal" in eigens dafür vorgesehenen Terminen geschehen oder aber bei einem gemeinsamen Abendessen. Letzteres kann die „Offenheit" des Austausches beziehungsweise die Direktheit des gegenseitigen Feedbacks durchaus erleichtern.

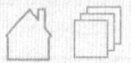

Reflektiere regelmäßig mit dem Gegenüber die „Wertschätzung" im gemeinsamen Miteinander.

Es gibt daher genau eine Fähigkeit und genau eine Haltung, die absolut notwendig und in den meisten Fällen sogar hinreichend für ein wertschätzendes Miteinander ist:

Versetze Dich in die Lage des anderen und sei offen für die Dinge, die Du dort entdeckst.

Eine verantwortliche operative Durchführung

1 Die jeweilige operative Verantwortung übernehmen

Oder: Gute Absichten und eine wertschätzende Haltung reichen nicht – eine Wirkung wird durch Taten erzielt

Ein Beispiel für einen realen Blockbuster (bei einem Hersteller von Konsumgütern): Das Projekt wurde vom Vertriebsdirektor initiiert. Verschiedene Versuche, das Problem anders zu lösen, waren gescheitert. Jetzt war allen Betroffenen an der Basis klar, dass etwas passieren musste, auch wenn es kein Wunschprojekt war. Nachdem das Projekt intern mit der Vertriebsmannschaft definiert wurde, lagen zum einen die wichtigsten Bedenken der Mannschaft klar auf dem Tisch, andererseits wurde deutlich, dass eine Beraterunterstützung sinnvoll ist. Aber nicht, um Know-how einzubringen, sondern um eine Außensicht zu bekommen und jemanden einzukaufen, der komplexe Analysen schnell und zuverlässig durchführen kann. Eine klare Rolle – reine Unterstützung und keine kreative Konzeption.

Sämtliche Ideen wurden im Team entwickelt, manchmal unter der Moderation der Berater. Es gab kaum Präsentationen und nur wenige Slides. Eben genau und nur das, was der Klient brauchte. Die Berater waren auch in das Team integriert und standen nicht außen vor. Sie sind zusammen mit dem Klienten ins Kino gegangen. Und alle hatten Spaß, zusammen mit den Beratern oder auch nur intern.

Das Projekt war mit einem kleinen Team über einen langen Zeitraum aufgesetzt worden, um die Organisation nicht zu überfordern und den Tagesablauf nicht zu sehr zu stören. Die Berater waren bis zum Ende der Implementierung an Bord – zuletzt nur mit einer Person, die nur noch auf die wichtigsten Meilensteine geachtet hat. Da das Projekt bei aller Einsicht eben doch kein Wunschprojekt war, wurde die Implementierung konsequent verankert. Alte Tools wurden einfach abgestellt und die Einhaltung der neuen Prozesse mit der Bonuszahlung verknüpft. Ab dem Tag der Umstellung des Prozesses hatte der Klient eine Margensteigerung von 2 Prozent. Auf Knopfdruck.

Wir haben in den vorangegangenen Kapiteln bereits viele Faktoren angesprochen, die bei einem Beratungsprojekt die Grundlage für einen „Blockbuster" darstellen: die Notwendigkeit, den richtigen Berater fokussiert in einem sinnvollen Projekt einzusetzen; die Notwendigkeit, die relevanten Kompetenzen und die richtige Einstellung dem Projekt gegenüber mitzubringen; die Notwendigkeit, eine wertschätzende Haltung dem jeweils anderen gegenüber einzunehmen; die Notwendigkeit, auf einen verbindlichen Stil im Umgang miteinander zu achten. In diesem Kapitel stehen die operativen Aufgaben im Rahmen eines Beratungsprojektes im Vordergrund. Ohne Taten keine Wirkung. Einige der genannten, grundlegenden Themen übersetzen sich natürlich direkt in operative Projektaufgaben, zum Beispiel das Interesse an einer fokussierten Ausgestaltung des Aufgabengebietes des Beraters im Rahmen des Projektes. Damit lassen sich einige wenige Redundanzen in diesem Kapitel leider nicht vermeiden – einigen wir uns darauf, dass sie die Bedeutung der entsprechenden Punkte unterstreichen.

1.1 Klienten und Berater haben beide entsprechend ihrer Rolle im Projekt Verantwortung zu übernehmen

Bei den bisher diskutierten Haltungs- und Verhaltensthemen ist die beiderseitige Verantwortung der Klienten und der Berater klar. Bei den operativen Projektaufgaben nicht. Hier reißt der Berater auch gerne einmal die Verantwortung an sich. Er drängt sich auf Neudeutsch in den „Driver Seat". Immerhin weiß er ja viel besser als der Klient, wie man komplexe Projekte durchführt. Er lässt sich dabei auch nur sehr ungern ins Handwerk pfuschen.

Und der Klient überlässt ihm allzu gerne diese Verantwortung. Damit ist auch die Schuldfrage von vornherein geklärt, sollte wider Erwarten das Projekt kein Erfolg werden. Der Klient setzt sich also auf den Beifahrersitz. Im schlimmsten Fall sogar auf die Rückbank. Und im allerschlimmsten Fall steigt er sogar aus und hofft, dass der Berater das Auto heil wieder nach Hause bringt.

Mit dieser Verteilung der Verantwortung steuert das Projekt direkt auf eine Tragödie zu. Es ist keine gewagte Prognose, dass das Thema „Buy in" des Klienten – und zwar sowohl in der Riege der direkt Beteiligten wie auch der gesamten Organisation – zur wesentlichen Herausforderung im Rahmen der Umsetzung der Veränderung wird. Das ist natürlich keine brandneue Erkenntnis, dazu sind die meisten Berater viel zu oft der verbindlichen Zustimmung des Klienten hinterhergelaufen. Deswegen gibt es ja auch den klaren Trend, dass die Berater die Klienten sehr viel stärker in ihr Tagesgeschäft einbinden und zum Beispiel immer öfter die Klienten selber die gemeinsamen Ergebnisse in den Steuerungskreisen präsentieren lassen. Aber das reicht noch nicht.

In einem Blockbuster bleibt der Klient während der gesamten Fahrt im Fahrersitz. Die Aufgabe des Beraters ist es, die Karte zu lesen, Routen vorzuschlagen, auf den leeren Tank hinzuweisen, die Versorgung sicherzustellen und auf die Umgebung rechts und links der Fahrbahn zu achten. Aber Gaspedal, Bremse und Lenkrad bleiben in der Verantwortung des Klienten.

Goldene Regel Nummer 9 (Klienten)

Behalte die Verantwortung für die Ausrichtung, den Fortschritt und das Ergebnis des Projektes bei Dir.

In gleicher Weise lässt sich in Bezug auf die Verteilung der Verantwortung auch eine Regel für die Berater formulieren. Wohlgemerkt, die Verführung für den einzelnen Berater, die Verantwortung für das Projekt zu übernehmen, ist groß. Die Einsteiger sehen darin die Chance, sich vor ihren Projektleitern zu profilieren. Die Projektleiter sehen darin die Chance, sich vor ihren Partnern zu profilieren. Und die Partner sehen darin die Chance, sich vor dem Auftraggeber des Klienten zu profilieren.

Goldene Regel Nummer 9 (Berater)

Widerstehe der Versuchung, die gesamte Verantwortung für alle operativen Projektaufgaben an Dich zu reißen und nimm stattdessen den Klienten von Anfang an in die Pflicht.

Es gibt wahre Horrorgeschichten von Projekten, in denen die Berater zum Beispiel im Rahmen von Restrukturierungen den betroffenen Mitarbeitern der Klientenorganisation die Entscheidung ihrer Kündigung überbringen und erklären mussten. Schlimm genug, dass die Berater diese Aufgabe übernommen haben. Aber was zum Teufel ging im Kopf der entsprechenden Führungskraft vor, die sich vor dieser, zugegeben unangenehmen, aber doch ureigensten, Führungsaufgabe gedrückt hat? Zum Glück handelt es sich um Einzelfälle. Aber es sollte klar sein, dass sich bestimmte Aufgaben nicht delegieren lassen.

Ein viel häufigeres Beispiel bezieht sich auf die Verantwortung für die vertikale Kommunikation in Unternehmen. Hier ist es leider fast die Regel, dass die Vorstände und Geschäftsführer die Verantwortung für die Kommunikation von Maßnahmen, die im Rahmen von Projekten konzipiert wurden, in die Organisation hinein den Beratern überlassen. Und die Berater lassen sich viel zu gerne als Kommunikationshelfer einsetzen. Dabei gehört das ebenfalls zu den ureigensten Führungsaufgaben der Verantwortlichen in der Organisation.

Beide Parteien, Klienten wie Berater, müssen folglich die Verantwortung für die jeweiligen operativen Projektaufgaben übernehmen. Und zwar proaktiv und nicht erst als Reaktion auf eventuelle Missstände oder Krisen.

1.2 Die Top 6 der Unterlassungen der Klienten und Berater

Der obige Appell mag vielleicht selbstverständlich klingen. Und die meisten Klienten und Berater argumentieren sicherlich zu Recht, dass sie ihre Verantwortung natürlich aktiv übernehmen und auch darauf achten, sich nicht in den Verantwortungsbereich des jeweils anderen zu stark einzumischen. Dennoch waren sich meine Interviewpartner einig, dass es eine ganze Reihe typischer Unterlassungen auf beiden Seiten gibt.

Sicherlich sind die wichtigsten Ursachen für diese Unterlassungen für jeden nachvollziehbar. Im hektischen Arbeitsalltag der Top-Manager und Berater gehören dazu vor allem:

- Zeitmangel – real oder auch nicht.
- Bequemlichkeit – Vermeidung von Konflikten und Komplexität.
- Unsicherheit – im Sinne von Profilierungsdruck.

Darüber hinaus mag es durchaus noch weitere Ursachen für die operativen Mängel wie Unwissenheit, Unfähigkeit oder gar manipulative Absichten geben. Aber die entsprechenden Klienten oder Berater gehören in die definierten Kategorien „schlechte Klienten" oder „schlechte Berater". Der Punkt hier ist, dass es auch den „guten Klienten" und „guten Beratern" durchaus im Alltag passieren kann, dass wichtige Schritte nicht oder nicht richtig durchgeführt werden.

Als die Top 6 der typischen und *kritischen Unterlassungen von Klienten* wurden genannt:

1. Keine klare Formulierung von Aufträgen (nicht interpretationsfrei, inhaltlich und zeitlich nicht klar begrenzt).
2. Keine Fokussierung auf den ursprünglichen Auftrag, sondern ständiges Einbringen von Nebenthemen.
3. Keine Einhaltung von Zusagen bezüglich notwendiger Ressourcen (Team, Zeit, Daten).
4. Keine proaktive Einbringung von relevantem Wissen über die Organisation zur inhaltlichen Steuerung des Projektes.
5. Keine zeitnahe und explizite Äußerung von Bedenken und Widerständen.
6. Keine ausreichende interne Kommunikation.

Wenn alle diese Unterlassungen gleichzeitig auftreten, so kann man als Klient nur hoffen, an einen „guten Berater" geraten zu sein und doch noch auf eine „Heldensage" zuzusteuern. Aber selbst mit dem besten Berater braucht es wahrscheinlich noch ein gehöriges Quäntchen Glück, damit am Ende des Projektes tatsächlich eine nachhaltig wirksame Lösung steht. Die Hoffnung auf einen effizienten Prozess sollte man aber aufgeben.

Die Top-6-Liste der *typischen Unterlassungen der Berater* ist ähnlich kritisch:

1. Zu wenig Zeit für Auftragsklärung, Planung und Diagnose am Anfang eines Projektes, sondern sofortiger Beginn der Lösungsentwicklung.
2. Keine Berücksichtigung typischer Erfahrungen in der Arbeits- und Ressourcenplanung, zum Beispiel die Inkonsistenz von Daten, Verzögerungen in der Datenlieferung oder das Ausbleiben zeitnaher Entscheidungen durch den Klienten.
3. Keine klaren Aussagen, stattdessen werden Zustimmungen durch Abstraktion, unspezifische Managementsprache und ein Erschlagen mit Slides erreicht.
4. Kein klares „Nein" bei unangemessenen Forderungen des Klienten.

5. Keine Erforschung von Widerständen, sondern Bekämpfung von Widersachern.

6. Keine Berücksichtigung der Befindlichkeiten des betroffenen mittleren Managements, sondern ausschließlicher Fokus auf den Vorstand.

Auch hier gilt: Sollte ein Berater mehr als eine dieser Unterlassungen begehen, kann er nur auf einen „guten Klienten" und viel Glück hoffen, sollte er an einem nachhaltig wirksamen Ergebnis für den Klienten interessiert sein. Und auch hier ist ein effizienter Prozess so gut wie ausgeschlossen.

Wie schon so oft in diesem Buch angesprochen gilt natürlich das Prinzip der Gegenseitigkeit. Die Verantwortung für einen effektiven und effizienten operativen Prozess liegt auf beiden Seiten. Klienten und Berater müssen sowohl die Verantwortung für ihre eigenen operativen Aufgaben im Rahmen des Projektes übernehmen, als auch den jeweiligen Partner für seine operativen Aufgaben in die Pflicht nehmen.

Neben den oben angesprochenen, primären Ursachen für diese Unterlassungen (Zeitmangel, Bequemlichkeit und Unsicherheit) gibt es noch eine weitere: Es wird viel zu wenig aus den konkreten Projekterfahrungen gelernt. Viele Klienten und Berater sind am Ende eines nicht optimal gelaufenen Projektes so sehr damit beschäftigt, sich die Ergebnisse gegenseitig schönzureden, dass sie kaum noch Zeit finden, den Prozess mit all seinen Tücken gemeinsam einmal in Ruhe zu durchdenken, zu analysieren und daraus konkrete Aufgaben für das nächste Projekt abzuleiten. Bei dem einen drängelt schon wieder das Tagesgeschäft, beim anderen das nächste Projekt. Der eine muss das Projekt vor seinen Vorstandskollegen, dem Aufsichtsrat und den Mitarbeitern rechtfertigen, und der andere liefert ihm dafür die Munition.

Es ist ja im Einzelfall oder unter besonderen Umständen überhaupt nicht schlimm, eine der obengenannten Unterlassungen zu begehen. Schlimm ist nur, es nicht zu merken, nicht gegenzusteuern und für das nächste Projekt nichts daraus zu lernen.

Es gibt klare Verantwortlichkeiten für die operativen Projektaufgaben – für alle Beteiligten und in jeder Phase eines Projektes.

Um der Bedeutung der operativen Projektaufgaben noch mehr Rechnung zu tragen, werden in den kommenden Abschnitten die einzelnen Phasen eines Projektes durchgegangen und die jeweils wichtigsten Aufgaben beleuchtet.

2   Keine Phase eines idealtypischen Projektes auslassen

Oder: Nur weil es nicht üblich zu sein scheint,
ist es noch lange nicht unnütz

Die Überschrift mag auf den ersten Blick verwundern. Dass vielleicht einmal eine Detailaufgabe vernachlässigt wird – o.k. Aber gleich ganze Phasen eines Projektes?

Werfen wir einen ersten Blick auf die Phasen eines idealtypischen Projektes, die in Abbildung 3 dargestellt sind. Und jetzt Hand aufs Herz: Für wen von Ihnen ist zum Beispiel eine ausführliche Auftragsklärung ohne Raum für Interpretationen absoluter Standard, ohne den Sie überhaupt nicht anfangen würden zu arbeiten? Und wer kann behaupten, dass wirklich jedes seiner Projekte mit einem offiziellen Kick-off-Meeting begonnen wird, bei dem sich alle Beteiligten ausreichend Zeit nehmen, um alle Befindlichkeiten zu thematisieren? Und wer legt nicht nur unbedingten Wert darauf, am Ende gemeinsam über den Verlauf des Projektes zu sprechen und aus den Erfahrungen zu lernen, sondern vor allem auch noch in den Monaten nach Abschluss am Ball zu bleiben und auf die Nachhaltigkeit der Veränderung zu achten?

Sowohl für die Wirksamkeit – also die Sicherstellung einer nachhaltigen, positiven Veränderung – als auch die Effizienz – also der größtmögliche Effekt unter Vermeidung unnützer Nebentätigkeiten – ist jede einzelne Projektphase absolut notwendig. Das Auslassen oder „nachlässige" Durchführen einer Phase zieht nahezu garantiert eine Einbuße entweder der Wirksamkeit oder der Effizienz nach sich.

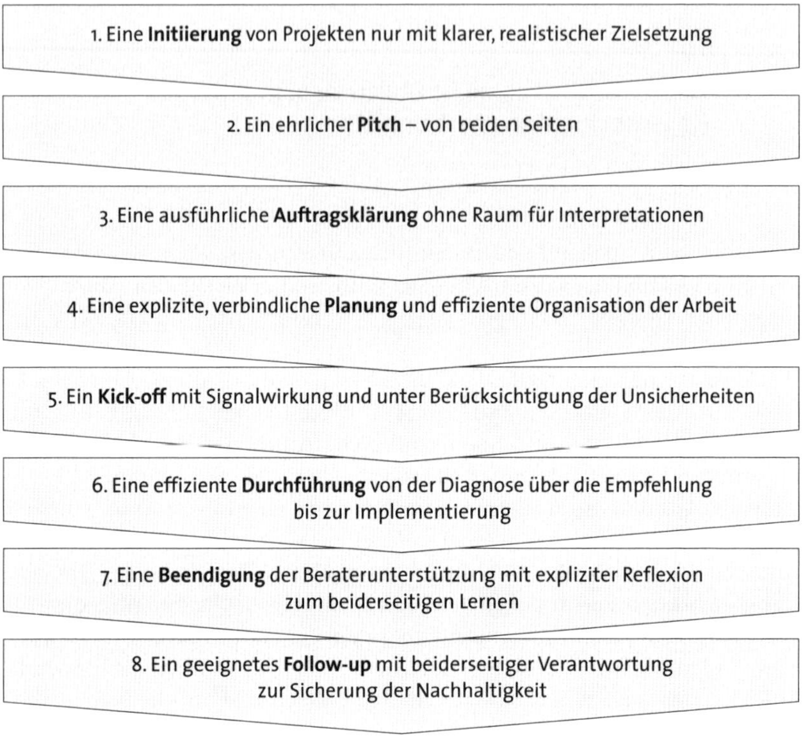

1. Eine **Initiierung** von Projekten nur mit klarer, realistischer Zielsetzung

2. Ein ehrlicher **Pitch** – von beiden Seiten

3. Eine ausführliche **Auftragsklärung** ohne Raum für Interpretationen

4. Eine explizite, verbindliche **Planung** und effiziente Organisation der Arbeit

5. Ein **Kick-off** mit Signalwirkung und unter Berücksichtigung der Unsicherheiten

6. Eine effiziente **Durchführung** von der Diagnose über die Empfehlung bis zur Implementierung

7. Eine **Beendigung** der Beraterunterstützung mit expliziter Reflexion zum beiderseitigen Lernen

8. Ein geeignetes **Follow-up** mit beiderseitiger Verantwortung zur Sicherung der Nachhaltigkeit

Abbildung 3: Die idealtypischen Phasen eines Beratungsprojektes

2.1 Eine Initiierung von Projekten nur mit klarer, realistischer Zielsetzung

Projekte entstehen auf vielfältigen Wegen – aus reinem Interesse oder größter Not, aus wirtschaftlichen, strategischen oder politischen Beweggründen, von Einzelnen oder Gremien initiiert, freiwillig oder aufgezwungen. Egal ob ein Projekt von Klienten intern auf den Weg gebracht oder von Beratern getriggert wird – bereits hier muss eine erste Einschätzung stattfinden, ob das Projekt tatsächlich sinnvoll ist, ob der Zeitpunkt der richtige ist und ob die notwendigen Ressourcen zur Verfügung stehen.

Wir haben schon im ersten Kapitel darüber gesprochen, wie wichtig es ist, nur sinnvolle Projekte zu starten. Und „sinnvoll" hatten wir in dem Zusammenhang definiert als wertschaffend, wirksam, akzeptiert und legitim.

In diesem Abschnitt soll der Fokus auf den operativen Aufgaben im Rahmen einer Projektinitiierung liegen.

Durch Klienten initiierte Projekte

Beginnen wir mit den Projekten, die von Klienten intern auf den Weg gebracht werden. Wenn das Unternehmen in einer schwierigen Situation ist, dann geht dem Projekt in der Regel eine Phase sinkender Umsätze, steigender Kosten, verlorener Marktanteile oder Ähnliches voraus. Das Projekt wird damit aus einem Leidensdruck heraus initiiert. Am anderen Ende der Skala geht es dem Unternehmen gerade sehr gut, es möchte sich aber im Hinblick auf absehbare Trends für die Zukunft absichern. Dazwischen liegen noch zahlreiche weitere Anlässe.

Es existiert also zunächst ein Anliegen. Und dann kommt es leider viel zu oft zu einem Zeitsprung. So, als ob jemand aus Versehen auf der Fernbedienung des DVD-Players die Taste „nächstes Kapitel" gedrückt hat. Plötzlich gibt es ein Projekt und ein grob festgelegtes Ziel – etwa in der Art: „Wir müssen unseren Marktanteil wieder zurückgewinnen" oder „Wir müssen unsere Kosten mal wieder in den Griff bekommen". „Macht mal!"

Bei diesem Zeitsprung werden wichtige, wenn nicht sogar im Hinblick auf die Wirksamkeit die wichtigsten operativen Aufgaben in der Verantwortung des Klienten übersprungen. Folgende operative Aufgaben gehören in die Phase zwischen der Identifizierung des Anlasses und dem Aufsetzen eines Projektes:

- eine interne Diagnosephase,
- eine Diskussion mit den Betroffenen,
- eine Abstimmung im Kreis der Entscheider,
- eine Entscheidung über die Sinnhaftigkeit eines Projektes sowie
- eine Entscheidung über die Ausgestaltung eines Projektes – inklusive der Frage nach der Notwendigkeit einer externen Unterstützung.

In einer internen Diagnosephase sollte möglichst viel Transparenz über die aktuelle Herausforderung geschaffen werden. Und zwar bewusst zunächst noch unter Ausschluss externer Berater. Je mehr der Klient selber herausfindet, desto klarer kann er den Auftrag an das Projektteam oder einen Berater formulieren. Und desto eher kann er davon ausgehen, dass die Organisation hinter dem Projekt steht.

Steckt das Unternehmen in einer schwierigen Situation, gilt es in dieser Phase herauszufinden, wie es genau in diese Situation gekommen ist und welche Möglichkeiten intern gesehen werden, um wieder herauszukommen. Geht es um die Vorbereitung auf absehbare Trends, so gilt es, möglichst viele Informationen über Indizien und externe Einflüsse einzusammeln. Die Behauptung ist leicht in den Raum zu stellen, dass für einen großen Teil der beraterunterstützten Projekte die Kenntnis der Ursachen von Problemen und die Ideen für die Lösungsfindung bereits in der Organisation vorhanden sind. Es ist natürlich aufwendiger, mit 1.000 Mitarbeitern zu sprechen als mit einem Berater. Aber es wäre im Hinblick auf die Wirksamkeit von Projekten sehr sinnvoll. Nichts ist frustrierender für Mitarbeiter, als wenn ein externer Berater Hunderttausende Euro für eine Idee kassiert, die sein Chef von ihm auch umsonst hätte haben können, wenn dieser denn einmal gefragt hätte. Die Lust, sich mit dem Berater auch noch konstruktiv auseinanderzusetzen, ist dann natürlich gleich null.

Die Diskussion mit den Betroffenen dient dabei nicht nur der Klärung der Situation oder der Motivation der Mitarbeiter. Es geht auch darum, bereits in dieser frühen Phase etwas über die möglichen Widerstände der Organisation gegen die geplante Veränderung zu erfahren. Also darüber, was zum gegebenen Zeitpunkt überhaupt für realisierbar gehalten werden kann.

Als Nächstes sollte eine Abstimmung im Kreis der Entscheider über den prinzipiellen Handlungsbedarf stattfinden. Und diese Abstimmung sollte nicht auf Basis irgendwelcher Wünsche oder Visionen stattfinden. Natürlich wäre es toll, den Umsatz zu steigern, niedrigere Kosten zu haben oder die Marktführerschaft zurückgewonnen zu haben. Da wird wohl niemand widersprechen. Aber sind sich auch alle relevanten Entscheider darüber einig, dass der grundsätzliche Handlungsdruck – oder noch besser, der Leidensdruck – groß genug ist, um die Investition in ein Projekt und damit in eine Veränderung zu rechtfertigen? Unter Berücksichtigung aller Investitionen: Kosten, Zeit und der „Störung" des Betriebsablaufes? Mit all den absehbaren Herausforderungen, Unsicherheiten und dem Widerstand der Organisation? Dies ist quasi der erste Filter, bei dem einige Projektideen bereits wieder begraben werden sollten. Wenn es in diesem Stadium schon keine Einigkeit bei den Entscheidern über den grundsätzlichen Handlungsbedarf gibt, wird sie sich im Verlaufe des Projektes wohl kaum einstellen.

Die Entscheidung über die Sinnhaftigkeit eines Projektes folgt direkt der Abstimmung über den grundsätzlichen Handlungsbedarf. Jetzt sollte es aber deutlich mehr ins Detail gehen. Was genau kann der Organisation in der aktuellen Situation zugemutet werden? Wäre ein anderer Zeitpunkt für dieses Projekt sinnvoller? Welche Priorität hat dieses Projekt im Vergleich zu anderen Projekten und aktuellen Themenschwerpunkten? Das Ergebnis dieser Diskussion sollte die Formulierung eines konkreten, messbaren, aktiv beeinflussbaren und realistischen Zieles sein.

Als letzter Schritt vor dem Einrichten eines Projektteams sollte noch eine Diskussion über die Ausgestaltung des Projektes und der Aufstellung des Projektteams stattfinden; inklusive der Frage nach der Notwendigkeit einer externen Unterstützung. Sinnvoll ist hier sicherlich die Ausgangshypothese „Wir schaffen das auch ohne externe Unterstützung". Wenn dann im Verlauf dieser Diskussion klar wird, dass und warum es ohne externe Unterstützung doch nicht geht, so sollte eben durch diese Diskussion auch sehr viel klarer geworden sein, für welche spezifische Aufgabe man den Berater im Rahmen des Projekts einsetzen möchte.

Und erst dann sollte der Klient das Projekt starten oder mit einem sogenannten „RfP – Request for Proposal" in den Auswahlprozess für die externe Unterstützung gehen.

Abschließend noch ein zusätzlicher Hinweis zum Thema „verordnete Projekte", bei denen der Auftraggeber später nicht selber in die Steuerung des Projektes eingebunden ist. In diesen Fällen sollten sich der Auftraggeber und der designierte Projektverantwortliche solange auseinandersetzen, bis der Projektverantwortliche entweder von der Sinnhaftigkeit des Projektes überzeugt ist oder aber das Ziel des Projektes so angepasst wurde, dass beide Parteien (noch) an die Sinnhaftigkeit glauben. Ein Projekt, bei dem die verantwortliche Führungskraft auf Klientenseite nicht von der Sinnhaftigkeit überzeugt ist, wird nur selten wirksam sein.

Noch komplizierter wird die Situation, wenn der Auftraggeber schon Berater angeheuert hat, bevor der Projektverantwortliche einbezogen wurde. Diese Auftraggeber gehören übrigens grundsätzlich zur Kategorie „schlechter Klient". Auch wenn wir uns dann eigentlich schon in der Phase der Auftragsklärung befinden, muss zunächst ein Gespräch mit dem Auftraggeber über den Sinn und die Ausgestaltung des Projekts stattfinden – und zwar mit allen drei Beteiligten. Auftraggeber, die sich selber vor der Auseinandersetzung mit dem Projektverantwortlichen drücken und dafür Berater einsetzen, sowie Berater, die sich dafür missbrauchen lassen, sollten noch einmal die Abenteuer des Don Quijote lesen – und zwar die Episode mit den Windmühlen.

Durch Berater initiierte Projekte

Hier liegt quasi per Definition immer der gleiche Vorwurf in der Luft: „Berater wollen sich vor allem selber weiterverkaufen und überreden Klienten zu Projekten, von denen diese gar nicht wussten, dass sie sie brauchen."

Leider gibt es solche Fälle – Berater, die versuchen, mit kleinen Projekten und „Lockangeboten" bei einem Klienten den Fuß in die Tür zu bekommen, nur um dann ein Defizit nach dem anderen aufzudecken und neue Projekte zu verkaufen. Und die schlimmsten Vertreter der Beraterbranche scheuen dabei auch nicht vor Manipulationen und politischen Schachzügen zurück. Interessanterweise deckt sich der Handlungsbedarf dabei auch immer mit der Kernkompetenz dieses Beraters. Ihnen ist es egal, ob ein Projekt für den Klienten grundsätzlich sinnvoll ist. Hauptsache Umsatz. „Schlechte Berater" eben.

Aber: Grundsätzlich zeichnet es einen „guten Berater" sogar aus, dass er versucht, genau einzuschätzen, was für den Klienten zu dem gegebenen Zeitpunkt die wichtigsten Themen sind und auf welche absehbaren Trends dieser zeitnah reagieren sollte – schon um das eigene Projekt richtig einordnen zu können. Man kann sogar noch weiter gehen und behaupten, ein Berater, der die sogenannte CEO-Agenda nicht im Auge behält, sondern nur unreflektiert sein eigenes Projekt durchzieht, handelt grob fahrlässig.

Man muss es als operative Aufgabe eines Top-Managementberaters sehen, die CEO-Agenda mit den wichtigsten Themen für die Klientenorganisation zumindest zu kennen und durchaus kritisch zu hinterfragen. Natürlich ist dies vor allem eine Verantwortung der Partnerebene.

Es gibt drei Voraussetzungen dafür, dass die Diskussion der CEO-Agenda auch für den Klienten wertschaffend ist:

• Die Diskussion wird dem CEO – als Synonym für jeden Entscheider im Unternehmen – nicht aufgedrängt, sondern der Berater bietet sich nur als Sparringspartner an.

• Die Identifizierung möglicher Themen geht nicht zu Lasten der eigentlichen Projektarbeit, zum Beispiel indem das Beraterteam vom Partner mit vielen Analysen außerhalb des abgestimmten Projektumfangs beschäftigt wird.

- Die diskutierten Themen sind aus Sicht des CEO tatsächlich notwendig und hinreichend für einen langfristigen Erfolg, und nicht nur Highlights aus Sicht des Beraters.

Grundsätzlich lässt sich festhalten: Der gute Berater unterscheidet sich von dem schlechten Berater in dieser Phase der Initiierung von Projekten nicht durch die operative Tätigkeit an sich, sondern durch die Motivation und Erwartungshaltung. Der gute Berater identifiziert und diskutiert wichtige Themen mit dem Klienten ohne die Erwartungshaltung, dass sich für ihn daraus direkt ein Projekt ergibt. Das heißt, er diskutiert auch Themen, die vielleicht gar nicht in Form eines Projektes adressiert werden können, sondern einfach eine Führungsaufgabe des Top-Managements sind. Oder Themen, die zwar in Form von Projekten adressiert werden können, aber gar keine Beraterunterstützung brauchen. Oder sogar Themen – zugegeben werden diese Fälle eher selten auftreten –, für die der Berater selber einen anderen Expertenberater empfiehlt.

Bleiben wir noch kurz bei der Frage nach der richtigen Einstellung. Und bleiben wir auch bei der Gruppe der „guten Berater", also die, die zwar auf ein neues Projekt hoffen, aber bei denen der Klientennutzen klar im Vordergrund steht.

Als junger Partner, der extrem unter Erfolgsdruck steht, sowie als Vertreter der aggressiveren Beratungsfirmen hofft man auf möglichst direkte Erfolge. Man schneidet ein Thema an, übersetzt es *(nur!)* bei Interesse des Klienten in einen Projektvorschlag und hofft auf den Zuschlag. Ein Senior-Partner ist da in der Regel sehr viel entspannter. Er hat gelernt, dass Klienten Aufträge mittel- und langfristig nur an Berater vergeben, die sie für glaubwürdig halten. Und er hat gelernt, dass es die Glaubwürdigkeit steigert, auch mal über Themen zu sprechen, die sich nicht direkt in beraterunterstützte Projekte übersetzen lassen. Diese Senior-Berater – die es nicht nur auf der Partnerebene gibt – verstehen ihre Rolle eben nicht nur als Expertenberater, sondern auch als Coach und Impulsgeber für die Entscheidungsträger auf Klientenseite.

Neben der Identifizierung des „richtigen Themas" spielt auch eine Diskussion über den richtigen Zeitpunkt bei der CEO-Agenda eine wesentliche Rolle. Wie schon oben im Zusammenhang mit den Klienten-initiierten Projekten angesprochen, darf eine Organisation nicht mit Projekten überfordert werden. Berater haben bei dieser Diskussion quasi von Berufs wegen eine verschobene Wahrnehmung. Für sie ist ein Projekt oft beendet, wenn die Implementierung in die Wege geleitet wurde. Für die Klientenorganisation fängt dann die Arbeit aber häufig erst an. Veränderungen brauchen Zeit und binden die Aufmerksamkeit der Führungskräfte. Eine Überforderung durch weitere, zu früh initiierte Projekte gefährdet die Wirksamkeit der bisherigen Maßnahmen.

Es gibt noch eine Kategorie von Berater-initiierten Projekten, und zwar die von außen angetragenen Projekte. Bislang sind wir davon ausgegangen, dass der Berater bereits beim Klienten vor Ort ist beziehungsweise eine längerfristige Beziehung zum Klienten besteht. Jetzt kann es aber auch sein, dass ein Berater keinen direkten Einblick in die Organisation und Situation eines potentiellen Klienten hat. So ist es mittlerweile gängige Praxis, dem Klienten Diskussionen über aktuelle Themen anzubieten – natürlich wieder in der Hoffnung auf ein Projekt. Diese Themen ergeben sich dann meistens aus aktuellen Wirtschaftstrends, spezifischen Anlässen aus dem Umfeld des Klienten oder aus aktuellen Berichten, die der Berater zum Beispiel über die Industrie des Klienten oder über bestimmte funktionale Themen erstellt hat.

Diese Vorgehensweise ist genau wie die oben beschriebene Identifizierung einer CEO-Agenda nicht grundsätzlich verwerflich. Der Unterschied zwischen einem guten und einem schlechten Berater liegt wieder in der Motivation und Erwartungshaltung. Sieht man das Angebot wirklich nur als Gesprächsgrundlage, um gemeinsam mit dem Klienten über die Sinnhaftigkeit zu diskutieren? Oder versucht der Berater sein Angebot um jeden Preis beim Klienten in ein Projekt zu übersetzen?

Es gehört mithin zu den operativen Aufgaben eines Beraters, sich im Rahmen eines Projektes oder auch einfach im Rahmen der Klientenbeziehung mit dem Klienten – als Person und als Organisation – und seinen aktuellen Herausforderungen auseinanderzusetzen. Dabei kann es auch darum gehen, neue, beraterunterstützte Projekte zu initiieren, solange die Sinnhaftigkeit des Projektes aus der Perspektive des Klienten vor den Umsatzinteressen des Beraters liegt.

Klienten sollten:

- zunächst Einigung über den grundsätzlichen Handlungsbedarf herstellen,
- möglichst viele Mitarbeiter in die Vorüberlegungen zu einem Projekt einbeziehen, insbesondere bei der Diagnose der aktuellen Herausforderung,
- nur solche Projekte initiieren, bei denen das zu lösende Problem intern abgestimmt und ein Ziel formuliert worden ist, welches konkret, messbar, aktiv beeinflussbar und zum gegebenen Zeitpunkt realisierbar ist,
- die Notwendigkeit und die angemessene Form einer externen Unterstützung diskutieren.

Berater sollten:

- ihre Vorschläge für neue Projekte entlang einer gegebenenfalls abgestimmten „CEO-Agenda" priorisieren,
- auch solche Initiativen anregen, die ohne Beratungsunterstützung auskommen oder für die ein anderer Berater geeigneter wäre,
- die Organisation nicht überfordern, also erst das letzte Projekt fertig implementieren, dann neue Konzepte angehen.

2.2 Ein ehrlicher Pitch – von beiden Seiten

Mit einem Pitch ist der Prozess der Auswahl eines geeigneten Beraters und der Vergabe des Projektes gemeint. Dieser Prozess beginnt mit der Ausschreibung des Projektes durch den Klienten. Je nach Situation kann oder muss diese Ausschreibung öffentlich erfolgen. In anderen Fällen ist es üblich, einen sogenannten „Request for Proposal" direkt an eine vorbestimmte Gruppe von Beratern zu schicken. Nach einer gewissen Zeit, in der sich die Berater vorbereiten können, oft auch mit einer ersten Interaktion mit dem Klienten, präsentieren dann die Berater ihre Projektvorschläge vor dem Klienten. Daran schließt sich häufig noch eine Phase mit Nachfragen oder einer zweiten Präsentationsrunde mit einem kleineren Kreis von Beratern an. Schließlich kommt es zur Verhandlung der Konditionen und zum Vertragsabschluss.

Ein Pitch bindet sehr viele Ressourcen – auf Seiten der Klienten und der Berater. Es werden zahlreiche und umfangreiche Präsentationen und Angebote erstellt und diskutiert. Meistens beschreiben diese schon bis ins letzte Detail, was zu tun ist, obwohl die Berater in der Regel zu diesem

Zeitpunkt noch viel zu wenig über die Situation, die Rahmenbedingungen und die Ursachen der zu lösenden Probleme wissen.

Manchmal gibt es dieses Auswahlverfahren allerdings auch überhaupt nicht. Wenn von Anfang an klar ist, mit welchem Berater man das Projekt durchführen möchte, oder wenn es sich um Anschlussprojekte handelt, reduziert sich der Angebotsprozess inklusive der Verhandlungen auch schon mal auf ein einstündiges Gespräch zwischen dem Auftraggeber und dem Partner der Beratung.

Aber bei immer mehr Projekten gestaltet sich der Auswahlprozess sehr aufwendig – und das nicht immer zum Vorteil des Klienten. Ein Auswahlprozess ist natürlich grundsätzlich sinnvoll. Er zielt darauf ab, den besten Berater für die spezifische Fragestellung zu finden. Aber es werden immer wieder Fehler bei der operativen Gestaltung gemacht. Und zwar auf beiden Seiten. Wenn hier von Fehlern gesprochen wird, ist wie immer unterstellt, dass beide Seiten tatsächlich einen „Blockbuster" anstreben, also Wert auf die maximale Wirksamkeit und einen effizienten Prozess legen.

In Wirklichkeit sind in dieser Phase die Fronten so geklärt wie zu keiner anderen Zeit im Verlaufe eines Projektes. Der Klient möchte einen Berater, der ihm sein Problem löst und den er idealerweise auch persönlich glaubwürdig und angenehm findet, und das zu einem möglichst geringen Preis. Und der Berater möchte genau dieser Anbieter sein.

Einer der Interviewpartner, in diesem Fall ein Berater, erzählte von einem Pitch bei einem Hersteller von technischen Konsumgütern. Es ging um die Überarbeitung des Preis- und Rabattsystems. Der Klient hatte an fünf Beratungen einen Request for Proposal geschickt mit der Bitte, einen Projektvorschlag zu präsentieren. Unter anderem eben auch an die Beratung des Gesprächspartners. Dessen Team hat daraufhin ein circa hundertseitiges Angebot erstellt, da dieser Klient als „wichtig" eingestuft war. Ein Team von sechs Leuten hat gut zwei Wochen daran gearbeitet. Alle Beratungen haben ihre Angebote präsentiert. Ein Woche später ließ der Klient wissen, dass der Zeitpunkt für ein solches Projekt doch noch nicht geeignet sei.

Genau ein Jahr später wurde das identische Request for Proposal an die gleichen fünf Beratungen geschickt. Nun könnte man meinen, diese würden einfach ihre alten Präsentationen herausziehen, immerhin geht es um die gleiche Anfrage. Weit gefehlt – man könne doch dem potentiellen Klienten nicht zweimal das Gleiche präsentieren (Warum eigentlich nicht?). Also wurden 100 neue Folien erstellt und wieder präsentiert, und zwar vor einem Gremium von acht sehr senioren Vertretern des Klienten. Danach hat der Klient bei allen Beratungen schriftlich weitere Fragen eingereicht, die ebenfalls schriftlich und ausführlich zu beantworten waren.

Dann strichen einige Wochen ins Land, bevor drei der Beratungen für eine zweite Gesprächsrunde eingeladen wurden. Dieses Mal ging es dem Klienten um eine detaillierte Beschreibung der Implementierungsphase (Wohlgemerkt, für ein Konzept, welches noch nicht einmal im Ansatz bekannt war!). Die Beratung meines Gesprächspartners wandte ein, sie würden nur präsentieren, wenn diesmal auch ein Vertreter des Vertriebs des Klienten anwesend sei – das war nämlich bis dahin nicht der Fall (Sie erinnern sich: Es ging um die Anpassung des Preis- und Rabattsystems. Hauptbetroffener: der Vertrieb!). Der Klient sagte das zwar zu, aber bei der anschließenden Präsentation saß nur die gleiche Riege der acht senioren Vertreter.

Der Berater rief beim Vorstand an, um zu erklären, dass ein solches Projekt ohne die Einbeziehung des Vertriebs in dieser grundlegenden Planungsphase keinen Sinn ergeben würde. Daraufhin hat der Vorstand das gesamte Vorhaben abgeblasen. Grob geschätzt wurden von allen Beteiligten für alle Meetings, Vor- und Nachbereitungen insgesamt circa 1.000 Manntage investiert, also rund fünf seniore Mitarbeiter, die ein Jahr lang nichts anderes versuchten, als den richtigen Berater für ein bestimmtes Projekt zu finden.

Und man möchte noch nicht einmal wissen, wie diese Zahlen im öffentlichen Dienst bei öffentlichen Ausschreibungen aussehen, bei denen sich jeder Berater bewerben darf …

Bei allem Verständnis für Fairness und Transparenz – das ist Geldverschwendung. Ein angemessenes Auswahlverfahren ist richtig und wichtig, aber es muss operativ vernünftig gestaltet werden.

Der Hauptfehler wurde in dem beschriebenen Beispiel natürlich schon in der ersten Phase gemacht – der Klienten-internen Initiierung des Projektes. Und der Fehler lag darin, dass diese Phase eigentlich übersprungen wurde. Das Briefing an die Berater beinhaltete lediglich die Information, dass es um „eine Überarbeitung des Preis- und Rabattsystems zur Steigerung der Profitabilität" gehe, sowie einige Details zu den Rahmenbedingungen. Selbst die einfachsten, notwendigen Mengengerüste, wie die Anzahl an Produkten und Handelspartnern, den wesentlichen

Treibern der Komplexität, fehlten in dem Briefing. Mit einer richtigen internen Klärung hätten verschiedene Zeittreiber vermieden werden können:

• Die erste Runde, nach der das Projekt zunächst auf Eis gelegt wurde, war überflüssig.

• Die hundertseitigen Angebotspräsentationen der Beratungen hätten auf 20 bis 30 reduziert werden können.

• Die Qualität der Angebotspräsentationen wäre so ausgefallen, dass die Nachfragen unnötig gewesen wären.

• Und eine zweite Runde mit den drei Beratungen hätte man, wenn überhaupt, auf ein einstündiges Gespräch ohne Präsentation reduzieren können.

Insgesamt hätte man in diesem Beispiel den Gesamtaufwand für alle Beteiligten auf rund ein Drittel kürzen können.

Klienten und Berater sollten in jeder Phase des Pitchs auf verschiedene Dinge achten

Gehen wir den Pitch-Prozess vielleicht einfach noch einmal Schritt für Schritt durch. Der Einfachheit halber wollen wir dabei auf mögliche Iterationsschleifen verzichten:

• Erstellung der Ausschreibungsunterlagen,
• Vorauswahl der Berater,
• Weiterführende Klärung durch die Berater,
• Angebotserstellung,
• Angebotspräsentation,
• Verhandlung.

Erstellung der Ausschreibungsunterlagen

Wenn Sie als Klient die erste Phase der internen Klärung angemessen ausführlich durchgeführt haben, sollte die Erstellung der Ausschreibungsunterlagen einfach sein. Wichtig sind hierbei zum einen Offenheit und Transparenz hinsichtlich des Problems und dessen Ursachen. Werden dem Berater in dieser Phase wichtige Informationen vorenthalten, darf man sich nicht wundern, wenn sein Projektvorschlag keine Zustimmung findet. Er kann ja nur auf dem aufbauen, was ihm geliefert wird. Der Rest ist bestenfalls Kaffeesatzleserei.

Zum anderen ist eine angemessene Detailebene wichtig. Was wollen Sie denn wirklich vom Berater erfahren? Worauf gründen Sie Ihre Entscheidung? Wie wichtig ist es, schon auf Tages- oder Wochenebene zu erfahren, wie der Berater vorgehen wird? Es sind aus der Praxis verschiedene Klienten bekannt, die in dem Ruf stehen, sich bei komplexeren Projektvorhaben von verschiedenen Beratungen Projektvorschläge präsentieren zu lassen, nur um das Projekt dann selber intern durchzuführen. Sie wissen ja bis dahin, wie es geht. Ein Paradebeispiel für einen schlechten Klienten! Letztlich sollten Sie versuchen herauszufinden, ob der Berater Ihr Problem richtig verstanden hat, über die notwendigen Kompetenzen für die Lösung des Problems verfügt und die richtige Einstellung dem Projekt und Ihnen gegenüber mitbringt. Um das herauszufinden, braucht es in erster Linie offene Gespräche denn detaillierte Präsentationen.

Vorauswahl der Berater

Unter Umständen gibt es bei diesem Schritt bestimmte Regularien zu beachten: Gesetze, Regeln der Einkaufsabteilung oder auch wirtschaftliche Überlegungen. Grundsätzlich ist es durchaus sinnvoll, verschiedene Beratungen in Erwägung zu ziehen, solange das Ziel bleibt, den besten für die spezifische Fragestellung zu identifizieren. Zwei Dinge sind bei diesem Schritt zu vermeiden – vorausgesetzt, Sie haben ein ehrliches Interesse an einem wertschätzenden Umgang mit Beratern. Erstens sollten Sie Alibi-Ausschreibungen vermeiden. Wenn der Berater Ihrer Wahl schon feststeht, ist es im Sinne der Effizienz unsinnig, weitere Berater einzuladen, nur um den Schein von Fairness zu bewahren. Zweitens sollten Sie nicht mehr als einen Berater einladen, nur um sie dann gegeneinander auszuspielen. Der Wettbewerbsdruck ist bei den Beratern ohnehin schon längst angekommen. Das muss man gar nicht mehr verstärken.

Es ist leider mittlerweile gängige Praxis geworden, durch dieses Ausspielen entweder den Tagessatz oder den Gesamtaufwand des Projektes zu drücken. Dabei wird unterschätzt, dass ab einem bestimmten Punkt die Berater entweder gezwungen werden zu tricksen oder aber die Qualität leiden wird.

Weiterführende Klärung durch die Berater

In den ersten zwei Schritten lag die Verantwortung für den Pitch nur beim Klienten. Jetzt kommt der Berater ins Spiel. Bevor er ein konkretes Angebot erstellen kann, muss er sicherstellen, dass er die Ausgangssituation, die Rahmenbedingungen und Ziele des Klienten richtig verstanden hat und alles weiß, was er für ein Angebot wissen muss. Nur selten sind die Ausschreibungsunterlagen so klar und umfassend formuliert, dass sich keine weiteren Fragen ergeben.

An dieser Stelle taucht eine potentielle Falle für den Berater auf. Er möchte ja in dem Pitch so souverän wie möglich wirken. Souveränität bedeutet für den typischen Berater, in jeder noch so komplizierten Situation sofort handlungsfähig zu sein. Sofort, also ohne weitere Diagnose. Und damit entsteht in der Wahrnehmung des Beraters in vielen Fällen ein Bild im Kopf, dass er bei zu vielen Nachfragen nicht mehr souverän wirkt. Das ist zwar nachvollziehbar, aber zu kurzfristig gedacht. Ohne Klärung kann der Berater nur hoffen, ein passendes Angebot zu erstellen, aber er kann sich nicht sicher sein. In der jetzigen Tätigkeit als Coach und Prozessberater gehe beispielsweise ich in diese Phase der Klärung immer mit der gleichen Hypothese: „Das, was der Klient bei mir anfragt, ist nicht das, was er tatsächlich braucht." In geschätzten zwei Dritteln der Fälle trifft diese Hypothese zu. Und oft klärt sich das in der ersten Viertelstunde nach drei oder vier gut gestellten, offenen Fragen.

Klärung ist also sinnvoll und sogar notwendig. Und Klärung ist keine Frage der verfügbaren Zeit. Der Berater sollte diesen operativen Schritt als selbstverständlichen Bestandteil des Pitchs werten. Und – auch bei größtem Interesse daran, das Projekt zu verkaufen –, wenn der Berater Zweifel an den Motivationen des Klienten oder der Sinnhaftigkeit des Projektes hat, sollte er das thematisieren und gegebenenfalls das Projekt ablehnen.

Für den Klienten ergibt sich daraus die Verantwortung, dem Berater gegenüber offen zu sein, auch für Rede und Antwort zur Verfügung zu stehen und, soweit angemessen, auch schon Zugang zu seiner Organisation zu gewähren. Da viele Berater in vielen Organisationen mittlerweile gut vernetzt sind, wird es immer gängigere Praxis, sich bei diesen Personen nach den Umständen des Projektes und den relevanten Spielern zu erkundigen. Von Außenstehenden wird das oft als „unethischer Verkäufertrick" bewertet. Das ist es jedoch nur dann, wenn es dazu dienen soll, die richtige Taktik zum Verkaufen eines Projektes zu identifizieren. Wenn es aber dazu dient, notwendige Erkenntnisse über die Situation, Motivationen und Befindlichkeiten im Rahmen des Projektes zu erlangen, ist es absolut sinnvoll.

Angebotserstellung

Hier liegt der vielleicht größte Zeitfresser im ganzen Pitch. Da werden vom Berater schnell einmal über hundert Slides produziert. Immerhin geht es um Glaubwürdigkeit. Dazu muss man ja zeigen, wie viel man weiß, wie man im Detail vorgehen wird und vor allem, was genau am Ende des Projektes herauskommen wird. Und man muss natürlich auch für jede nur erdenkliche Frage, die möglicherweise kommen könnte, ein Backup-Slide dabei haben.

Ganz schwierig wird es, wenn im Angebot schon die fertigen Lösungen präsentiert werden. Wozu wird dann eigentlich noch ein Projekt benötigt? Alles schön und gut. Der Klient kann daran gut erkennen, worauf er sich bei dem Berater im Verlaufe des Projektes einstellen muss: Viele Slides mit noch mehr Rechtfertigung anstelle von offenen Fragen und gemeinsamer Lösungsentwicklung. Und wenn er ein Ziel von 100 Prozent formuliert hat, wird er auch 100 Prozent bekommen. Immer, zumindest auf dem Papier. Natürlich sind Angebote etwas sehr Individuelles und manchmal braucht es auch diese hundert Seiten. Aber oft genug würden auch zehn Slides reichen, um eine konstruktive Diskussion anzuregen, in der beide Seiten herausfinden können, ob sie im Rahmen des entsprechenden Projektes die richtigen Partner sind. Das ist dann ein Zeichen von echter Souveränität.

Angebotspräsentation

Der große Moment ist gekommen. Die Augen der Klienten ruhen voller Neugier auf dem Beraterteam, das ihnen gleich präsentieren wird, wie sie das Problem der Organisation lösen wollen. Und natürlich sind alle auch neugierig darauf, was das eigentlich für Menschen sind. Sind sie sympathisch? Auf dem Papier scheint es bei der Expertise ein echtes Dreamteam zu sein.

Genauso neugierig achten die Berater auf jede Regung des Kliententeams. Finden sie das gut, was wir ihnen erzählen? Gibt es Signale der Zustimmung oder Ablehnung? Muss die Präsentation vielleicht noch schnell etwas adaptiert werden, wenn nicht sofort ein zustimmendes Nicken im Publikum zu sehen ist?

Die beiderseitige Neugier ist etwas Gutes. Also keine Monologe von Beraterseite, sondern Interaktion. Die Verantwortung liegt bei beiden Seiten sicherzustellen, dass ihre Neugier befriedigt wird – nicht einfach nur darauf hoffen, dass es von alleine passiert. Auch in diesem Schritt sollte es übrigens um maximale Offenheit und Ehrlichkeit auf beiden Seiten gehen, obwohl die Fronten und Ziele geklärt sind. Hier geht der Appell vorrangig in Richtung der Berater. Lügen beziehungsweise vorsichtige Übertreibungen haben die sprichwörtlich kurzen Beine und holen einen gleich nach dem Kick-off wieder ein.

Ist das Dreamteam tatsächlich ein Dreamteam oder wurde der Lebenslauf einfach nur ein wenig auf den potentiellen Klienten ausgerichtet? Im Kapitel über die typischen Verhaltensweisen kam ja schon der Klient zu Wort, der dem gleichen Berater über mehrere Jahre hinweg mit jeweils anderen Lebensläufen begegnet ist. Natürlich geht es um eine Verkaufssituation, da unterscheidet sich der Berater nicht vom Waschmaschinenverkäufer, außer dadurch, dass der Waschmaschinenverkäufer nach dem Verkauf weg ist, der Berater aber vor Ort bleibt und jeden Tag beweisen muss, dass er bei der Angebotspräsentation nicht zu viel versprochen hat. Es geht demnach um eine bewusste Entscheidung für die richtige Balance: genug versprechen, um das Projekt zu bekommen, aber nicht so viel, dass das Team während des Projektes leiden muss. Das funktioniert am besten immer noch bei den Beratungen, bei denen der Partner auch nach dem Verkauf noch eng in die Projektarbeit einbezogen ist und solange man sich nicht in einer Zeit der Krise befindet. Und wenn der Partner eher senior und souverän ist. Und wenn ... folglich eher selten.

Eine kleine Anekdote am Rande: Ein Berater erzählte mir von seinem ersten Projekt – im öffentlichen Dienst –, als er im Rahmen des Pitchs dem Klienten vorgestellt wurde. Der Projektleiter des Klienten schaute sehr irritiert und meinte hinterher zum Projektleiter des Beraters: „Ich kann mir nicht vorstellen, dass dieser Berater, so jung, wie er ist, derart große Veränderungen in unserer Organisation durchsetzen kann. Da werden wir wohl ein Glaubwürdigkeitsproblem bekommen." Zugegeben, der junge Berater war zwar Mitte zwanzig, wurde aber im Supermarkt immer noch nach seinem Ausweis gefragt. Der „gute Klient" war also sensibel in Bezug auf mögliche „Einakter" und wollte vorbeugen. Darauf reagierte de Projektleiter des Beraters: „Geben Sie ihm zwei Wochen Zeit. Wenn Sie dann immer noch an seiner Glaubwürdigkeit zweifeln, tauschen wir ihn auf unsere Kosten aus." Kurzum, der Berater blieb auf dem Projekt und ist heute übrigens Partner einer der großen Strategieberatungen. Das ist ein gutes

Beispiel für einen offenen, konstruktiven und in alle Richtungen wertschätzenden Umgang miteinander.

Verhandlung

Natürlich könnte man über das Thema Angebotserstellung und Vertragsverhandlung auch ein eigenes Buch schreiben. Aber hier soll es vielmehr um den Gesamtzusammenhang und die Beschreibung der typischsten Fallen gehen. Solange die bisherigen Schritte von beiden Seiten ideal durchgeführt wurden, sollte die Verhandlung eine reine Formalität sein. Es ist sicherlich gut, das Thema Gesamtaufwand noch einmal anzuschneiden und dem Berater auf den Zahn zu fühlen. Aber Vorsicht, es gibt eben eine Schmerzgrenze, an der sich die Qualität eines Projektes entscheidet. Und mit Qualität ist einmal mehr sowohl die Wirksamkeit als auch die Effizienz des Prozesses gemeint. Der Klient sollte durchaus noch einmal kritisch hinterfragen, ob tatsächlich alle vom Berater geplanten Aktivitäten notwendig sind. Und der Berater sollte sicherstellen, dass er mit dem verkauften Team das Problem des Klienten auch wirksam und in einem schmerzfreien Prozess lösen kann. Er sollte also für sein Team kämpfen und zur Not auch einmal „Nein" sagen, wenn die Schmerzgrenze überschritten wird.

Beide Seiten könnten auch von etwas mehr Flexibilität in den Verhandlungen profitieren. Dazu gehört zum Beispiel ein zeitversetztes, individuelles Verhandeln der einzelnen Projektphasen, solange diese aufeinander aufbauen und die nächste Phase noch nicht vollständig geklärt werden kann, bevor die vorherige Phase abgeschlossen wurde. Dazu kann auch ein Verhandeln von Eventualitäten gehören. Wenn etwa der Klient seiner Zusage interner Ressourcen nicht nachkommt, sollte der Berater das nicht ohne Diskussion einfach kompensieren müssen. Oder dazu könnte auch, zumindest bei geeigneten, kurzfristig messbaren Projektzielen, eine erfolgsabhängige Bezahlung gehören. Zielsetzung sollte eine „Win-win-win-win-Konstellation" sein – Auftraggeber, Klientenorganisation, Partner und Beraterteam.

Klienten sollten:

- ihre Situation und das zu lösende Problem offen und ehrlich schildern,
- nur dann ein Angebot einholen, wenn der Berater auch tatsächlich in Frage kommt – keine Alibi-Ausschreibungen oder taktische Spielchen,
- den Beratern die Möglichkeit zu Rückfragen und einer ersten Diagnose geben,
- auf die Glaubwürdigkeit der angebotenen Leistung achten, aber auch Puffer im Angebot zugestehen.

Berater sollten:

- auch bei größtem Interesse daran, das Projekt zu verkaufen, die Motivation der Klienten und die Sinnhaftigkeit des Projektes hinterfragen,
- angemessene Angebotspräsentationen erstellen – mehr Interaktion und weniger Slides,
- ehrliche und aufwandsbezogene Angebote machen – kein Overselling und keine faulen Kompromisse.

2.3 Eine ausführliche Auftragsklärung ohne Raum für Interpretationen

In einem idealen Projekt erfolgt die Auftragsklärung natürlich vor oder im Rahmen der Angebotserstellung. So gesehen steht dieser Abschnitt eigentlich an der falschen Stelle. In der Realität bleibt die Angebotsphase aber doch häufig in einer hypothesenartigen Flughöhe und die eigentliche Klärung des Auftrages erfolgt erst bei Beginn des Projektes. Oft ist sie sogar erst zwei Wochen nach Beginn des Projektes möglich, wenn die ersten Hypothesen in Bezug auf die eigentlichen Ursachen der Probleme des Klienten oder auch der möglichen Lösungswege hinterfragt werden konnten.

> Bei einem Auftrag, der Raum für Interpretationen lässt, ist die Wirksamkeit eines Projektes reine Glücksache.

Es ist prinzipiell sinnvoll, den Auftrag nach den ersten zwei Wochen gemeinsam mit dem Klienten noch einmal auf den Prüfstand zu stellen. Genau für derartige Diskussionen gibt es ja eigentlich „Lenkungsausschüsse". Häufig tauchen in diesem Zusammenhang weitere Informationen, Motivationen und Befindlichkeiten auf, die für die Wirksamkeit des Projektes signifikant sind. Voraussetzung ist die Bereitschaft beider Parteien, den Auftrag weiter zu detaillieren und gegebenenfalls noch einmal anzupassen – mit allen möglichen Konsequenzen bis hin zum Abbruch. Falsch wäre es, trotz besserer Erkenntnisse ein Projekt blind durchzuziehen, nur weil es im Angebot einmal so besprochen wurde. Wohlgemerkt, diese nochmalige Klärung eines Auftrages ist nicht als Einladung an den Berater zu verstehen, ein Projekt alle zwei Wochen weiter und weiter aufzublasen.

Woran erkennt man nun einen geklärten Auftrag? Unter einem geklärten Auftrag ist zu verstehen, dass:

- Sinnhaftigkeit und Handlungsdruck von allen akzeptiert werden,
- Verantwortlichkeiten und Loyalität geklärt und transparent sind,
- das zu lösende Problem geklärt und der Einsatz der Berater akzeptiert ist,
- explizit besprochen wurde, was nicht bearbeitet werden soll,
- es ein „visualisierbares Endprodukt" gibt und
- alle vorhersehbaren „Störungen" explizit diskutiert wurden.

Der geneigte Leser wird zugeben, dass diese Fragen in diesem Detail in der Regel in den Angeboten noch nicht geklärt wurden. Das ist auch kaum möglich. Alleine schon, weil in diesen Klärungsprozess viel mehr Personen involviert sein müssen als in den Pitch.

Sinnhaftigkeit und Handlungsdruck werden von allen akzeptiert

Die Sinnhaftigkeit des Projektes und der Handlungsdruck werden von allen Beteiligten – in dieser Phase eben auch dem Berater – akzeptiert. Die Betonung liegt hierbei auf dem größeren Kreis der Beteiligten.

Neben den Auftraggebern gehören auf Klientenseite auch die Mitarbeiter im Projekt dazu, die vorher vielleicht noch nicht in den Pitch einbezogen waren und auch in der Phase der internen Klärung nicht gefragt wurden. Die frühzeitige Überzeugung der Klientenmitarbeiter ist für die Unterstützung des Projektes, das sogenannte „Buy in", essentiell – insbesondere bei implementierungslastigen Projekten.

Auf Seiten der Berater sollte ebenso jedes Teammitglied von der Sinnhaftigkeit des Projektes überzeugt sein. Entsprechend herausfordernde Fragen können und sollten zunächst im Beraterteam diskutiert, aber dann gegebenenfalls auch gemeinsam mit dem Klienten geklärt werden. Auch wenn es der „Job" eines Beraters ist, Projekte durchzuführen – wenn er selber nicht von der Sinnhaftigkeit des Projektes überzeugt ist, wird er nur wenig motiviert sein, und damit ist bei aller Professionalität die Wirksamkeit und Effizienz in Frage gestellt. Und das gilt für alle Senioritätsstufen.

Verantwortlichkeiten und Loyalität sind geklärt und transparent

Die Verantwortung für den Projekterfolg auf Klientenseite ist mit allen Beteiligten abgestimmt und die letztliche Loyalität des Beraters damit transparent. Die Bedeutung dieses Punktes lässt sich wohl am besten mit ein paar typischen Konflikten aus den Berichten der Interviewpartner unterstreichen.

Beispiel 1
Ein Bereichsleiter erhält von seinem Vorgesetzten den Auftrag, ein bestimmtes Kosteneinsparungsziel zu erreichen. Der kann dieses Ziel allerdings nicht ohne die Mitwirkung der anderen Bereichsleiter an den entsprechenden Schnittstellen erreichen. Diese haben aber kein Interesse an – und keinen Auftrag zu – einer Kostensenkung. Der Vorgesetzte hält sich aus dem Projekt heraus. Wer sollte denn hier die Verantwortung für das Kosteneinsparungsziel tatsächlich auf Klientenseite tragen? Es zeugt nicht von einem guten Führungsstil, Aufträge zu erteilen, die nicht im Einflussbereich des Mitarbeiters liegen. Zumindest nicht, ohne ihn mit entsprechenden Befugnissen oder zumindest Rückendeckung zu unterstützen. Die vom Vorgesetzten beauftragten Berater stecken ebenfalls in der Klemme. Wem gegenüber sollen sie loyal sein? Dem Vorgesetzten oder dem Bereichsleiter? Sollen sie das Führungsdefizit des Vorgesetzten ausgleichen und sich als Kommunikationshelfer einsetzen lassen? Sollen sie versuchen, das Kosteneinsparungsziel gegen den Widerstand der Bereichsleiter durchzuboxen oder doch lieber den Vorgesetzten an seine Verantwortung erinnern?

Beispiel 2
Ein Vorstand beauftragt eine Anpassung der Ressortstruktur und der Organisation in einzelnen Bereichen. In der Auftragsklärung wird die Motivation der Vorstände für dieses Projekt klar: Es ist bekanntgeworden, dass in Kürze ein neuer Vorstandsvorsitzender von extern berufen werden soll – und der soll möglichst wenig Macht bekommen. Für welche „Wirksamkeit" des Projektes ist man als Berater verantwortlich? Und wem gegenüber ist man loyal? Den Auftraggebern, dem neuen Vorsitzenden oder dem Unternehmen insgesamt?

Beispiel 3
Ein Klient beauftragt einen Berater mit einer Optimierung in einem bestimmten Bereich. Schon bei den ersten Klärungsversuchen zeigt sich zwar ein klarer Handlungsbedarf, aber es gibt unterschiedliche Meinungen zu den möglichen Lösungswegen bei den – gleichberechtigten – Mitgliedern des Lenkungsausschusses. Wer ist auf Klientenseite für die Wirksamkeit des Projektes letztlich verantwortlich? Der Auftraggeber oder der Lenkungsausschuss? Und aus wessen Blickwinkel sollte der Berater entscheiden, welche die beste Lösung ist? Aus Sicht des Auftraggebers, aus Sicht des Lenkungskreises (in diesem Fall wäre die Aufgabe des Beraters eher eine Mediation), aus Sicht der betroffenen Mitarbeiter oder aus Sicht des Unternehmens, also basierend auf neutralen Kennzahlen?

Vielleicht sind Ihnen mittlerweile weitere Beispiele aus Ihrem eigenen Erfahrungsschatz eingefallen, die ähnlich unklar waren. Die obengenannten Fälle müssen natürlich gar nicht unbedingt ein Konfliktpotential in sich tragen. Bei einem „Blockbuster" ist die jeweilige Verantwortung der Beteiligten im Projekt geklärt und liegt auch im entsprechenden Einflussbereich. Bei einem „guten Klienten" deckt sich vor allem das Interesse des Auftraggebers natürlich mit denen des Unternehmens insgesamt – egal ob aus Sicht der Gesamtheit der Mitarbeiter oder basierend auf neutralen Kennzahlen. Er wird zumindest versuchen, die gegebenenfalls unterschiedlichen Interessen – soweit möglich und sinnvoll – zu berücksichtigen. Und ein „guter Berater" wird immer die Interessen des Unternehmens im Blick behalten und im Fall eines Widerspruchs mit dem Ziel des Auftraggebers eben diesen Widerspruch thematisieren.

Aber hier werden die Verführungen für die Berater noch einmal sehr deutlich. Ein Berater, der gerade die erste Phase eines potentiellen Millionen-Projektes verkauft hat, wird alles versuchen, um den Auftraggeber glücklich zu machen. Die Loyalität ist damit eigentlich klar. Und es ist zumindest im Graubereich der Spekulationen im Hinblick auf mögliche Lösungen keine einfache Frage, wem der Berater im Falle von Zielkonflikten loyal sein soll:

• Dem Auftraggeber?
• Dem verantwortlichen Projektleiter?
• Den betroffenen Mitarbeitern?
• Dem Unternehmen an sich beziehungsweise den Shareholdern?

Letztlich geht es hierbei um eine Wertediskussion und zwar immer bezogen auf den Einzelfall. Ziel dieses Buches ist es nicht, die Frage nach der Loyalität eindeutig zu beantworten. Es soll nur die wichtige Diskussion darüber anregen.

Das zu lösende Problem ist geklärt und der Einsatz der Berater akzeptiert

Zunächst eine Definition, um eventuelle Irritationen zu vermeiden: Mit dem zu lösenden Problem ist hier nicht die schlechte Kostensituation oder der verlorene Marktanteil gemeint. Das beschreibt die schwierige Situation, in der sich der Klient gerade befindet. Mit dem zu lösenden Problem ist im Rahmen der Auftragsklärung die Antwort auf die Frage gemeint: „Und warum, lieber Klient, unternimmst Du selber nichts, um aus dieser Situation herauszukommen? Weißt Du nicht, was Du tun solltest? Oder hast Du zwar Ideen, kannst sie aber selber nicht ohne Unterstützung umsetzen? Oder hast Du vielleicht Ideen und auch die Kompetenzen, aber ein Problem mit der Priorisierung im Arbeitsalltag oder mit Unstimmigkeiten bezüglich der Lösungsideen? Oder eine Kombination daraus?"

Die Antwort auf diese Frage klärt die Rolle und Verantwortung des Beraters. Bei einem „Wissen-Problem" ist seine Expertise und Erfahrung gefragt. Er hat das Projekt dann erfolgreich beendet, wenn der Klient weiß, was er tun muss, um aus der schwierigen Situation herauszukommen. Bei einem „Können-Problem" muss der Berater vielleicht eine bestimmte Kompetenz mitbringen, aber kein Industrieexperte sein. Vielleicht geht es nur um Disziplin, Projektmanagement oder auch einfach nur um seine Arbeitskraft. Der Berater hat das Projekt erfolgreich beendet, wenn der Klient entweder selbst wieder agieren kann oder das übergeordnete Projektziel erreicht wurde. Bei einem „Wollen-Problem" geht es letztlich weder um Expertise noch um Ressourcen, sondern um Kommunikation. Die Aufgabe des Beraters liegt in diesen Fällen in der Sensibilisierung, Motivation und gegebenenfalls auch Mediation beim Klienten. Der Berater hat dieses Projekt erfolgreich beendet, wenn die relevanten Klienten tatsächlich hinter dem Projekt stehen und an einem Strang ziehen.

Und mehr Probleme gibt es im Hinblick auf die Auftragsklärung nicht, die Berater für einen Klienten lösen könnten. Es gibt Variationen und auch Kombinationen daraus. Aber es gibt keine anderen Probleme. Gerade die Kombinationen führen natürlich oft zu sehr komplexen Projektsituationen. Wenn ein Klient selbst keine noch so vage Idee für einen möglichen Ausweg aus seiner schwierigen Situation hat, ihm auch die notwendigen Kompetenzen und Ressourcen für eine Veränderung fehlen und zu guter Letzt auch noch nicht alle im Unternehmen von der Notwendigkeit einer Veränderung überzeugt sind, hat ein Berater viel zu tun. In diesen Fällen sollte man gemeinsam mit dem Klienten darüber nachdenken, ob es eine sinnvolle Reihenfolge gibt, in der die Teilprobleme gelöst werden sollten. Das würde die Komplexität deutlich reduzieren und die jeweiligen Projektphasen überschaubar machen – vor allem im Hinblick auf ihren jeweiligen erfolgreichen Abschluss.

Vielleicht gefällt es Ihnen nicht, dass Sie im Rahmen der Auftragsklärung so deutlich über die „Probleme" des Klienten sprechen sollen. Das ist ja heutzutage auch ein sehr ungeliebtes Wort. Wie heißt es im Zitatenschatz der Manager so schön: „Komm mir nicht mit Problemen, sondern mit Lösungen." Das ist ja alles schön und gut, aber ein gleiches Verständnis im Hinblick auf den Handlungsbedarf und das Handlungsfeld bekommt man nicht über die Diskussion eines abstrakten Ziels, sondern nur über eine Klärung des zu lösenden Problems. Insbesondere, was den Einsatz von externen Beratern angeht. Ziele sind häufig interpretierbarer, was den Lösungsweg angeht, als die Beschreibung des zu lösenden Problems. Es geht nicht darum, sich im Problem des Klienten zu wälzen und immer wieder den Finger in die Wunde zu legen. Sondern es geht darum, die Aufgabe und Rolle des Beraters zu spezifizieren und seinen Erfolg messbar zu machen. Damit geht es letztlich auch um die Rechtfertigung, warum überhaupt ein Berater eingesetzt wird. Und wenn es noch keine Einigung im relevanten Klientenkreis gibt, sollte das Projekt nicht begonnen werden.

Die Identifizierung des „richtigen Problems" ist der absolut zentrale Punkt der Auftragsklärung. Das soll ein Beispiel noch einmal verdeutlichen.

Das Beispiel lieferte eine projektverantwortliche Beraterin. Sie hatte sich im Gespräch – aus aktuellem Anlass – sehr in Rage geredet und erzählte von ihrer Frustration. Seit zwei Monaten treibe sie ein Kostenreduktionsprojekt bei einem großen Finanzinstitut voran. Das Team mache einen guten Job, ernte aber in der Organisation nur Widerstände. Auftraggeber war der Vorstandsvorsitzende. Auf die Nachfrage, warum das Projekt denn initiiert wurde (auf der Suche nach dem zu lösenden Problem!), kam zuerst die etwas ungläubige Reaktion: „Blöde Frage, es ist doch immer wichtig, die Kosten im Griff zu haben." Auf weiteres Nachbohren hieß es dann: „Wir haben ein Benchmark durchgeführt und die Kostenstruktur des Klienten ist schlechter als die der Wettbewerber." Dummerweise war das Institut trotz dieser offensichtlich widrigen Umstände hochprofitabel

(Fazit: kein nachvollziehbarer Handlungsdruck!). Und das macht es natürlich umso schwerer, den Mitarbeitern einer Organisation klarzumachen, warum sie jetzt auf viele Privilegien und ihre Sicherheit verzichten sollten. Das erklärt den Widerstand.

Im weiteren Verlauf des Gesprächs erzählte die Beraterin, dass der tatsächliche Anlass für das Projekt eine Ankündigung des Vorstandsvorsitzenden im Rahmen einer Investorenkonferenz war, im kommenden Jahr die Kosten wieder in den Griff zu bekommen. Der Vorstandsvorsitzende hatte bislang aber jede Gelegenheit vermieden, seiner Organisation selbst zu erklären, warum er das Projekt initiiert hat (Klar – er hatte ja auch keinen wirklich guten, für alle Mitarbeiter nachvollziehbaren Grund.). Grundsätzlich sind Ziele wie eine Erhöhung der Rendite oder gar der Marktkapitalisierung wirklich nur für eine kleine Minderheit der Mitarbeiter (die mit entsprechenden Bonuszahlungen) eine Motivation für Veränderungen. Da also der Vorstandsvorsitzende keine Argumente für die Initiative hatte, holte er sich die Berater – die würden schon die richtigen Maßnahmen identifizieren, um die Investoren zufriedenzustellen. Die Berater hatten ihr Angebot auf dem Problem „der Klient weiß nicht, mit welchen Maßnahmen er das Kosteneinsparungsziel erreichen kann" aufgebaut, und vor allem Aktivitäten zur Analyse der Situation und der Identifizierung von Maßnahmen eingeplant. Der Ansatz war in dem beschriebenen Umfeld von vornherein zum Scheitern verurteilt.

Die Berater hatten nach dieser Erkenntnis mit dem Vorstandsvorsitzenden drei Optionen diskutiert: 1. Das Projekt wird sofort abgebrochen. 2. Der Vorstandsvorsitzende stellt sich vor seine Organisation und erklärt die Notwendigkeit der Kostenreduktion. 3. Es wird weiter wie bisher gearbeitet – aber mit der gemeinsam abgestimmten Klarheit, dass nichts passieren wird. Und jetzt kann man wohl raten, warum es diese Geschichte in dieses Buch geschafft hat: Richtig, die dritte Option wurde gewählt.

Dass nicht nur die Beraterin mit ihrem Team, sondern auch viele Mitarbeiter der Klientenorganisation mächtig frustriert waren, kann man sich denken. Das Ganze wäre vermeidbar gewesen – und zwar mit zwei Aktivitäten: Einer vernünftigen Auftragsklärung, bei der die Bedeutung des tatsächlich zu lösenden Problems („Wir haben unseren Investoren ein Versprechen gegeben, welches wir trotz des zu erwartenden Widerstands der Organisation einhalten müssen" – also ein „Wissen- und Wollen-Problem") mit den relevanten Mitarbeitern besprochen worden wäre. Die wichtigsten Aktivitäten der Berater wären im Verlaufes des Projektes dann Kommunikation und Sensibilisierungsmaßnahmen gewesen – und nicht das Analysieren von Zahlen. Außerdem hätte der Vorstandvorsitzende von Anfang an die Verantwortung für die Überzeugung seiner Organisation übernehmen müssen, anstatt der Konfrontation mit den natürlichen Widerständen aus dem Weg zu gehen. Und die Berater hätten beides forcieren sollen.

Hinter all diesen Punkten steckt natürlich auch eine Fokussierung auf die ursprüngliche und grundsätzliche Aufgabe von Beratern: Sie sollen beraten. Vielleicht noch aktiv unterstützen. Aber nicht die operative Verantwortung für die Managementaufgaben der Organisation übernehmen. Und alleine aus diesen Überlegungen heraus sollten Klienten wie auch Berater aufpassen, an welchen Zielen sie den Erfolg des Beraters messen. Kann man überhaupt einen Berater in die Pflicht nehmen, den Marktanteil des Unternehmens um 3 Prozent zu steigern? Das liegt doch letztlich überhaupt nicht in seinem Einflussbereich als externer Dienstleister?

Auf diese Frage kommen wir im übernächsten Unterpunkt „visualisierbares Endprodukt" noch einmal zurück.

Es ist explizit besprochen worden, was nicht bearbeitet werden soll

Der sogenannte Scope, also das Handlungsfeld, wurde bereits mit der Formulierung des zu lösenden Problems festgelegt. Aber um sicherzugehen, dass die Effizienz des Projektes nicht durch ein ständiges Einbringen von Nebenthemen gefährdet wird, liegt es in der Verantwortung beider Seiten, explizit festzuhalten – zur Not sogar schriftlich –, was im Rahmen des Projektes oder in der konkreten nächsten Phase nicht bearbeitet werden soll.

Häufig scheuen Auftraggeber und Partner der Beratung diese operative Projektaufgabe, weil sie damit ihre Freiheitsgrade im Verlauf des Projektes einschränken. Das mag aus deren Sicht oberflächlich betrachtet sogar sinnvoll sein. Aber erstens vergessen sie dabei das Projektteam (bestehend aus Klienten und Beratern), welches später unter den Richtungswechseln leiden muss, und zweitens gefährden sie damit auch die Qualität des eigentlichen Projektauftrags. Es gibt nun einmal eine Grenze der maximalen Belastbarkeit.

Es geht nicht darum, den Projektauftrag „blind" und wider besseren Erkenntnissen abzuarbeiten. Nachsteuern ist in der Regel durchaus notwendig. Aber es geht darum, die Grenze zwischen notwendigem Nachsteuern und interessanten Exkursen klarer zu definieren. Und zwar im Vorfeld.

Es gibt ein „visualisierbares Endprodukt"

Mit der Abstimmung des „visualisierbaren Endprodukts" wird sichergestellt, dass jeder Projektbeteiligte auf beiden Seiten ganz genau weiß, wann er das Projekt erfolgreich beendet hat.

Bei einem Auftrag werden häufig „nur" die inhaltlichen Ziele formuliert. Und dabei können einmal mehr typische Unsicherheiten und Befindlichkeiten eine Rolle spielen: Um inhaltliche und persönliche Konflikte zu vermeiden und um die Glaubwürdigkeit der eigenen Position und Person nicht in Frage stellen zu lassen, werden Ziele (und später auch die Empfehlungen) oft auf einem derart abstrakten Niveau festgelegt, dass am Ende des Projekts beide Seiten auf jeden Fall von einem „Erfolg" sprechen können. Ob dieser Erfolg dann aber im Einklang mit der ursprünglich geplanten Wirkung steht, bleibt fraglich. Die entsprechenden Klienten und Berater, in dieser Frage dann wohl eher der Kategorie „schlecht" zuzuordnen, wehren sich einfach gegen ein zu enges Korsett in Bezug auf die konkrete Projektarbeit und allzu viel Transparenz bezüglich des Ergebnisses.

Wie groß der Anteil der Projekte ist, die auf Basis eines relativ abstrakten Ziels begonnen werden, wird der persönlichen Einschätzung überlassen.

Meistens werden Ziele konkret formuliert (z.b. „10 Prozent Umsatzsteigerung im Bereich XY bis Ende des Jahres") – aber, wie oben besprochen, mit zu wenig Fokus auf das dahinterliegende zu lösende Problem. Da der Berater ja keine operative Verantwortung für die eigentliche Geschäftstätigkeit des Klienten trägt und auch über keine disziplinarischen Befugnisse in Bezug auf die Mitarbeiter des Klienten verfügt, kann er faktisch für dieses Ziel nicht in die Verantwortung genommen werden. Er ist eben „nur" Berater. Der Klient kann ihn aber sehr wohl in die Verantwortung dafür nehmen, die Organisation im Rahmen seiner vereinbarten Rolle optimal dabei zu unterstützen, dieses Ziel zu erreichen. Und für ebendiese Rolle braucht es ein klar beschriebenes „visualisierbares Endprodukt", anhand dessen der Erfolg und der Abschluss der Beraterunterstützung festgestellt werden kann. Der Terminus „visualisierbar" bezieht sich tatsächlich darauf, ob man dem Ziel des Beratereinsatzes eine Gestalt in Form eines Produktes geben kann. Dieses visualisierbare Endprodukt ersetzt allerdings auf keinen Fall die inhaltlichen Vorgaben, die ein Konzept erfüllen muss. Es geht hierbei nur um die Form.

Es dürfte bereits klar geworden sein, welche Schwierigkeiten man sich mit zu abstrakten Projektaufträgen und -angeboten im Sinne von „Wir steuern den Gesamtprozess im Rahmen eines PMO (Project Management Office) und unterstützen die einzelnen Module inhaltlich dort, wo gerade Bedarf ist" schafft. Wann ist das Projekt denn vollendet und vor allem, wann ist der Berater für alle nachvollziehbar erfolgreich?

Der Vorteil eines visualisierbaren Endproduktes liegt für beide Seiten in der Absicherung, dass sich Projekte nicht selbständig immer weiter ausdehnen und verlängern oder dass Klient und Berater am Ende eines Projektes feststellen, dass sie unterschiedliche Vorstellungen vom Abschluss des Projektes hatten.

Typische Beispiele für visualisierbare Endprodukte sind:

• Ein Konzept oder eine Liste mit Maßnahmen, also ein Stück Papier mit Informationen, die ein „Nicht-Wissen-Problem" lösen.

• Die Zustimmung der Mitglieder des Lenkungsausschusses zu diesem Konzept, also ein Nicken von Köpfen; das erfordert deutlich mehr Abstimmung und Zusammenarbeit als ein neutrales, extern erstelltes Konzept.

• Ein Umsetzungsplan, also viele Seiten Papier mit einer genauen Beschreibung, wie diese Maßnahmen in der spezifischen Situation des Klienten realisiert werden können.

• Eine befähigte Organisation, also die Sicherstellung, dass der Klient die Maßnahmen ohne weitere Unterstützung des Beraters nachhaltig umsetzen kann; das erfordert zum Beispiel eine Reihe von Coachings und Trainingsmaßnahmen.

• Die Wirksamkeit einer Maßnahme, die sich beispielsweise in einer bestimmten erreichten Zahl messen lässt; in diesem Fall muss der Berater bis zum „bitteren Ende" an Bord bleiben.

Sie werden sicher zustimmen, dass diese Beispiele jeweils sehr unterschiedliche Projekte nach sich ziehen; insbesondere hinsichtlich der Verweildauer der Berater. Wichtig ist es, so früh wie möglich den Punkt zu identifizieren, an dem der Klient auch ohne Unterstützung des Beraters das Projekt wirksam und effizient weiterführen kann.

Alle vorhersehbaren „Störungen" sind explizit diskutiert worden

Als letzter Bestandteil einer vernünftigen Auftragsklärung sollten jetzt noch alle bereits im Vorfeld absehbaren „Störungen" diskutiert und gegebenenfalls schon die Konsequenzen abgestimmt werden. Hier muss die gesamte Projekterfahrung aller Beteiligten eingebracht werden.

- Wenn wir die geplante Maßnahme (oder worum es auch immer im Projekt gehen mag) entwickeln, kommunizieren und später umsetzen werden, worauf müssen wir uns einstellen?

- Welche Konsequenzen ergeben sich für die betroffenen Mitarbeiter? Wie werden sie auf diese Konsequenzen reagieren?

- Mit welchen potentiellen Widerständen oder Konflikten müssen wir rechnen? Wie könnten sich diese äußern?

- Wer könnte neben den direkt betroffenen Mitarbeitern noch versuchen, Einfluss auf das Projekt zu nehmen?

- Welche externen Einflüsse könnten für das Projekt eine Rolle spielen?

Soweit möglich, sollte man für diese Störungen bereits in angemessenem Umfang entsprechende „Notfallpläne" identifiziert haben. Viele der typischen Herausforderungen kann man mit umfassenden und klaren Kommunikationsmaßnahmen einfangen. Aber bei größeren Veränderungsprozessen gehören auch rund 20 Prozent Puffer für „Unvorhergesehenes" in die Planung. Es gehört zur Auftragsklärung, viel mehr darüber zu sprechen, wie etwas implementiert werden kann, was dafür gebraucht wird und wie lange es dauert. Und nicht nur über die abstrakten Wünsche des Auftraggebers.

Fazit

Die Klärung des Auftrags ist die erste wichtige Intervention des Beraters.

Wenn Sie auch in dem einen oder anderen Projekt schon einmal unter ständigen Richtungswechseln, mangelnder Effizienz oder sogar eingeschränkter Wirksamkeit gelitten haben, werden Sie diesem Punkt bestimmt zustimmen. Gute Klienten und gute Berater vertreten den Grundsatz: „Ohne einen tatsächlich geklärten Auftrag fange ich ein Projekt erst gar nicht an!"

Klienten sollten:

- intern sicherstellen, dass die Sinnhaftigkeit des Projektes von allen akzeptiert wird – und entsprechende Konflikte nicht auf den Berater abwälzen,
- die internen Verantwortlichkeiten eindeutig festlegen,
- ihren Auftrag umfassend, verbindlich und präzise formulieren, und zwar im Hinblick auf das Ziel, das zu lösende Problem und das visualisierbare Endprodukt,
- jeden potentiellen Interpretationsspielraum klären, um während des Projektes möglichst wenig nachsteuern zu müssen.

Berater sollten:

- die Situation, Rahmenbedingungen und das zu lösende Problem ausreichend hinterfragen,
- ihre Loyalität klären und transparent machen,
- explizit formulieren, welche Aktivitäten nicht Teil des Projektes sind,
- sich mit dem Klienten über das Endprodukt verständigen (Wann ist die Beratung erfolgreich abgeschlossen?),
- alle absehbaren Störungen ansprechen und die Konsequenzen diskutieren.

2.4 Eine explizite, verbindliche Planung und effiziente Organisation der Arbeit

Vielleicht wundern Sie sich, dass wir jetzt schon in der vierten der acht definierten Projektphasen angekommen sind – aber noch immer nicht mit der eigentlichen Projektarbeit angefangen haben. Wir sind in der Tat immer noch bei den vorbereitenden operativen Aufgaben, ohne die ein Projekt weder wirksam noch effizient sein kann. Der starke Fokus auf diese vorbereitenden Aufgaben ist auch darin begründet, dass es wenige Projekte zu geben scheint, in denen diese Phase ausführlich genug durchgeführt wurde. So etwas rächt sich im Verlauf eines Projektes durch Richtungswechsel, „Try and Error"-Ansätze, ungeklärte Beziehungen, Irritationen oder Frustrationen.

Der Volksmund sagt: „Wenn Du für etwas wenig Zeit hast, dann nimm' Dir am Anfang viel davon!" Passend, denn in Beratungsprojekten hat man immer zu wenig Zeit.

Goldene Regel Nummer 10 (Klienten)

Kläre den Auftrag intern und gemeinsam mit dem Berater, und bereite das Projekt vernünftig vor.

Goldene Regel Nummer 10 (Berater)

Widerstehe dem Druck, sofort erste Ergebnisse präsentieren zu wollen. Stelle erst sicher, dass Dein Auftrag klar formuliert und die Arbeit vernünftig vorbereitet ist.

Projektarbeit lässt sich gut mit dem Bau eines Hauses vergleichen. Nach der Idee des Ehepaares, man könne ja einmal ein Haus bauen, kommt eine Phase des Durch-die-Gegend-Fahrens, um den eigenen Vorstellungen Form zu geben. Da wird zunächst skizziert, diskutiert und es werden Freunde um Rat gefragt. Am Ende steht eine recht konkrete Fantasie, wie das Haus einmal aussehen könnte (Phase 1: Eine Initiierung von Projekten nur mit klarer, realistischer Zielsetzung). Ab dann braucht man in der Regel Unterstützung. Wenn man vor allem schnell und relativ günstig fertig werden möchte, entscheidet man sich vielleicht für ein Fertighaus (Standard-Tools eines Beraters) – auch wenn man dabei vielleicht einige Kompromisse hinsichtlich seiner Idealvorstellung vom Haus eingehen muss. Wenn aber Individualität wichtig ist, wendet man sich als Nächstes an einen Architekten, oft auch in der kombinierten Form des Bauleiters. Man schaut sich natürlich einige Architekten an, fragt nach Referenzen im Bekanntenkreis und lässt sich von ihnen vielleicht schon ein paar Skizzen zeigen. Man hofft natürlich, dass man den richtigen für sein Haus erwischt (Phase 2: Ein ehrlicher Pitch – von beiden Seiten). Nach dem Zuschlag wird dann der Architekt (also der Berater) die Fantasie des Ehepaares mit der Realität abgleichen. Er wird alles hinterfragen, was ihm merkwürdig vorkommt. Er wird alternative Vorschläge unterbreiten. Und er wird versuchen, im Falle von unterschiedlichen Vorstellungen der Eheleute gute Alternativen zu finden – oder gegebenenfalls sogar mal einen ersten Streit zu schlichten. Am Ende stehen dann die fertigen Skizzen für das neue Haus. Aber natürlich erst einmal in Form von bunten Bildern, noch keine technische Zeichnung (Phase 3: Eine ausführliche Auftragsklärung ohne Raum für Interpretationen).

Und erst jetzt kommen wir zum Thema dieses Abschnittes: dem Arbeitsplan und der Organisation der Arbeit. Aber zurück zu unserer Metapher.

Kein Bauleiter (Berater) würde anfangen, ein Haus zu bauen, solange nicht ein detaillierter, mit dem Bauherrn (Auftraggeber) abgestimmter und von den offiziellen Gremien (Lenkungsausschuss) genehmigter Bauplan sowie ein detaillierter – so detailliert wie zu diesem Zeitpunkt möglich – Zeitplan mit Meilensteinen und Verantwortlichkeiten vorliegen. Und der Bauleiter kümmert sich darum, bereits im Vorfeld die Interaktion und Schnittstellen der unterschiedlichen Gewerke zu planen und abzustimmen.

Viele Berater stellen die Sinnhaftigkeit eines sehr detaillierten Arbeitsplans in Frage und beschränken sich auf die berühmten „Gantt-Charts", die mit einfachen Balken den zeitlichen Verlauf der Projektaktivitäten auf einer hochaggregierten Ebene darstellen. „Detaillierte Arbeitspläne haben eine Halbwertzeit von ein bis zwei Wochen, danach ist sowieso schon wieder alles anders!" Nun, das kommt darauf an, ob man auf eine strukturierte, planvolle und damit effiziente Prozessgestaltung Wert legt. Diese Haltung ist entweder auf pure Bequemlichkeit zurückzuführen – Arbeitspläne sind auf der detaillierten Ebene durchaus aufwendig –, oder wieder auf die Angst, in ein zu starres Korsett eingebunden zu werden.

Zurück zur Baustelle. Natürlich gibt es während der Bauphase noch unzählige detaillierte, vorher nicht absehbare Entscheidungen spontan zu treffen. Aber an der Grundform des Hauses ändert sich in der Regel nichts mehr (genau wie bei tatsächlich geklärten Aufträgen). Und wenn es doch noch größeren Änderungsbedarf am Bauplan gibt, dann geht das nicht ohne die offiziellen Abstimmungs- und Genehmigungsprozesse (und genau das ist ja die grundsätzliche Aufgabe und Verantwortung von Lenkungsausschüssen). Natürlich gibt es immer mal wieder Verzögerungen im Zeitplan. Aber gerade weil das so normal ist, rechnen Bauleiter von vornherein entsprechende Puffer ein; bei Projekten sollte es genauso sein.

Arbeitspläne sind eine verbindliche Messlatte

Detaillierte Arbeitspläne mit klaren inhaltlichen Aufgaben, den einzelnen Aktivitäten, Meilensteinen und Verantwortlichkeiten sind wichtig und alle Beteiligten sollten sich dafür ausreichend Zeit nehmen, bevor sie mit der eigentlichen Arbeit anfangen. Arbeitspläne stellen sicher, dass jeder jederzeit genau weiß, was er zu tun hat und woran er gemessen wird. Es geht dabei um Orientierung – eines der menschlichen Grundbedürfnisse. Auch wenn dieses Bedürfnis bei Beratern vielleicht weniger ausgeprägt ist als bei anderen, es spielt in Projekten eine große Rolle.

Es geht bei Arbeitsplänen auch um die Schaffung einer verbindlichen Messlatte. Bei jeder vorgeschlagenen Abweichung vom abgestimmten Projektverlauf, sei es nun durch den Klienten oder durch die Berater, muss der verantwortliche Projektleiter entscheiden, ob er dieser Änderung zustimmt oder eben nicht. Letzteres bedeutet, er muss auch „Nein" sagen können. Um in der Lage zu sein, konstruktiv „Nein" zu sagen – und dabei nicht als Verweigerer darzustehen – und entsprechende Konsequenzen einer Abweichung aufzuzeigen, ist eine abgestimmte und verbindliche Messlatte unabdingbar.

Der Prozess der Erarbeitung eines Arbeitsplans ist genauso wichtig wie das Endprodukt. Er zwingt, bereits im Vorfeld über mögliche Restriktionen, Vorlaufzeiten, Engpässe und Koordinationsbedarf nachzudenken. Manchmal geht es um so einfache Dinge wie die Urlaubsplanung des Klienten, die in der zeitlichen Planung eine Rolle spielen kann. Oder um Termine, die man nicht unbedingt an dem Tag bekommt, an dem sie idealerweise liegen würden. Oder um IT-Tools, die nicht vom Himmel fallen, sondern definiert, programmiert und vor allem getestet werden müssen, bevor sie wirklich zur Verfügung stehen. Klienten wie Berater müssen in diesen Prozess – genau wie in der Phase der Auftragsklärung – all ihre typischen Erfahrungen einbringen. Viele Dinge haben noch nie ideal funktioniert und werden es auch nie. Also noch einmal: Kalkulieren Sie Puffer ein!

Es ist demnach essentiell, den Arbeitsplan so detailliert zu erstellen, dass er jedem Betroffenen als Orientierung dient, und sich dann auch daran zu halten. Löschen Sie den Glaubenssatz „der Aufwand für detaillierte Arbeitspläne lohnt sich nicht – die haben sowieso nur eine Halbwertzeit von ein bis zwei Wochen" von Ihrer Festplatte. Wenn Sie den Arbeitsplan angemessen detailliert erstellen, minimieren Sie ungewollte Abweichungen.

Eine Bemerkung noch zur inhaltlichen Dimension eines Arbeitsplans. Im Rahmen der Auftragsklärung wurden bereits die Handlungsfelder explizit und konkret definiert. Nun geht es noch viel stärker ins Detail. Im Idealfall wird jetzt jede einzelne Analyse geplant. Und damit kommen wir zum Thema „Priorisierung". Im Alltag verstehen die meisten Menschen unter Priorisierung anscheinend nur noch das „Sortieren von Themen nach ihrer Wichtigkeit". Dabei wird der wichtigste Punkt der Priorisierung vernachlässigt: Es geht vor allem darum, die Themen zu identifizieren, die nicht bearbeitet werden sollen oder müssen. Jeder einzelne Arbeitsschritt sollte nach „logischen Kriterien" daraufhin überprüft werden, ob er tatsächlich durchgeführt werden muss, um das relevante Problem zu lösen oder das Ziel zu erreichen. Zwei Kriterien sind dabei wichtig:

• *Notwendig:* Ohne diese Aktivität kann das Problem nicht gelöst und das Ziel nicht erreicht werden. Die Aktivität muss auf jeden Fall durchgeführt werden.

• *Hinreichend:* Mit diesen Aktivitäten wird das Problem vollständig gelöst und das Ziel erreicht. Weitere Aktivitäten sind nicht notwendig.

Alle Aktivitäten, die weder notwendig sind noch zur Gruppe der hinreichenden Aktivitäten gehören, sollten direkt wieder aus dem Arbeitsplan gestrichen werden.

Als Beispiel soll hier der Auftrag eines Benchmarks dienen. Nehmen wir an, der Klient möchte gerne etwas darüber erfahren, wie seine Industrie in unterschiedlichen Ländern funktioniert. Viele Berater fangen dann gleich an, wild zu analysieren und Informationen aus den Ländern zusammenzutragen, die sie aus ihrer Sicht für sinnvoll halten und zu denen Daten verfügbar sind. Dann darf man sich nicht wundern, wenn der Klient die Relevanz der Einsichten nicht auf Anhieb teilt. Probieren wir es lieber erst mit den logischen Kriterien von oben:

Berater: „Welche Länder müssen wir analysieren, damit Sie die Erkenntnisse für relevant halten?" (Notwendig?)

Klient: „China und Indien."

Berater: „Und wie viele Länder müssen wir uns insgesamt anschauen, damit Sie die Erkenntnisse für relevant halten?" (Hinreichend?)

Klient: „Na, so zehn sollten es schon sein."

Berater: „Also schauen wir uns China und Indien und acht beliebige andere Länder an. Es ist also kein Problem, wenn wir uns die USA nicht anschauen?" (Gegenprobe!)

Klient: „Doch, doch. Die USA sind auch wichtig."

Berater: „Also haben wir doch drei notwendige Länder. Sonst noch welche?"

Und so weiter – bis sich beide geeinigt haben! Und dann wiederholt man das Gleiche noch einmal für die inhaltliche Fragestellung des Benchmarks. Und erst dann fängt der Berater an zu arbeiten.

Diese Vorgehensweise im Rahmen des Arbeitsplans – manchmal kann sie sogar schon früher in der Phase der Auftragsklärung erfolgen – lässt sich auf viele Projektanlässe übertragen. „Was müssen Sie unbedingt wissen, um diese Entscheidung treffen zu können? Und wann wissen Sie genug, um die Entscheidung tatsächlich zu treffen?" „Was muss das neue Tool unbedingt können? Und wann ist es gut genug, um das vorhandene Problem zu lösen?" Priorisieren Sie! Identifizieren Sie, was nicht getan werden muss.

An dieser Stelle kann eine weitere Hypothese zur Diskussion in den Raum gestellt werden: Wenn in einem geklärten Projekt ein derart detaillierter und „logischer" Arbeitsplan erstellt wird, reduziert sich der Arbeitsaufwand um 30 Prozent.

Die Organisation der Arbeit sichert die Arbeitsfähigkeit und damit die Wirksamkeit und Effizienz des Projektteams

Inhaltliche Fragen sollten zu diesem Zeitpunkt nicht mehr im Raum stehen. Alles ist geklärt. Jetzt gilt es noch, einige Formalitäten und Spielregeln der Zusammenarbeit zu vereinbaren. Dazu gehört:

• Die finale Auswahl der Mitglieder des Projektteams und
• die Bereitstellung einer angemessenen Infrastruktur.

Zum Thema „Zusammenstellung des besten Projektteams" könnte man sicher auch ein eigenes Buch schreiben, wenn man auf alle fachlichen, persönlichen, repräsentativen und gruppendynamischen Aspekte eingehen wollte. Die Beratungen haben in aller Regel höchst professionelle Prozesse, um ihre Teams zusammenzustellen. Diese Prozesse sind durchaus komplex, da es gilt, die Interessen der Klienten, der einzelnen Berater und der Beratung als Unternehmen möglichst in Einklang zu bringen. Das funktioniert im Alltag unterschiedlich gut. Und es ist auch eine Frage der Unternehmenskultur des Beraters, wessen Interesse in diesem Prozess die höchste Priorität eingeräumt wird.

Im Rahmen dieses Abschnitts soll vorrangig auf das Kliententeam und die typischen Fallen bei der Zusammenstellung eingegangen werden. In dieser Phase des Projektes steht das Kliententeam oft bereits fest. Die entsprechenden Mitarbeiter sind wahrscheinlich schon in die bisherige Klärung und Arbeitsplanung einbezogen worden. Jetzt gilt es, das Team noch einmal final zu bestätigen.

Bei der Auswahl werden immer wieder die gleichen Fehler begangen:

- Es werden die besten Mitarbeiter ausgewählt, die schon in fünf andere Projekte eingebunden sind und daher keine Zeit haben.

- Es werden die verfügbaren Mitarbeiter ausgewählt, unabhängig von ihrer Expertise, Kompetenz oder Entscheidungsbefugnis.

- Es werden Mitarbeiter aufgrund ihrer fachlichen Expertise oder als Vertreter ihrer Organisationseinheit oder Funktion ausgewählt, aber nicht auf Basis der Frage, ob sie auch die unterschiedlichen Interessen (und Bedenken) der Organisation repräsentieren.

Und es gibt noch drei weitere Aspekte bei der Zusammenstellung des Teams, die oft zu wenig Beachtung finden:

- Es wird zu wenig darauf geachtet, ob die Mitarbeiter in dem Projekt auch die Chance sehen, persönlich oder beruflich zu wachsen.

- Es wird zu wenig darauf geachtet, ob es potentielle Konflikte zwischen der Rolle im Projektteam und der Linienfunktion des Mitarbeiters geben könnte.

- Es wird zu wenig darauf geachtet, ob die ausgewählten Mitarbeiter auch gut und gerne zusammenarbeiten, auch mit Beratern.

Maximale Wirksamkeit und Effizienz erreicht man also mit einem Team, in dem die wichtigsten Expertisen, Kompetenzen und Befugnisse vorhanden sind, welches verfügbar ist, die unterschiedlichen Interessen der Organisation repräsentiert und in dem jedes Mitglied engagiert ist, in dem Projekt mitzuarbeiten. Wenn dieses Team schlichtweg nicht existiert, muss man vielleicht mit Kompromissen leben. Wenn es aber existiert und nur gerade jetzt nicht verfügbar ist, sollte man im Einzelfall durchaus in Erwägung ziehen, mit dem Projekt erst etwas später anzufangen.

Neben der Zusammenstellung eines idealen Teams geht es im Rahmen der Arbeitsfähigkeit auch um die Bereitstellung einer effektiven Infrastruktur im weiteren Sinne. Berater haben so hohe Tagessätze, dass man als Klient ihre Zeit nicht durch einfache Unwegsamkeiten verschwenden sollte. Sorgen Sie als Klient dafür, dass die Berater – immer nur da, wo sinnvoll und angemessen – schnellstmöglich die notwendigen Ausweise und Schlüssel bekommen, dass ihnen die notwendigen technischen Geräte wie Drucker, vernünftiger Internetzugang und so weiter zeitnah zur Verfügung stehen, sie Zugang zu allen notwendigen Informationen und Daten erhalten, vermeintliche Kleinigkeiten wie die Getränkeversorgung geklärt sind und dass sie einen vernünftigen Teamraum bekommen.

Erlauben Sie einen zusätzlichen Kommentar zum Thema Teamraum: Da gibt es eine riesige Bandbreite: vom Sitzungsraum des Vorstandsvorsitzenden bis zum Kellerloch voller Gerümpel und ohne Fenster. Lassen wir ruhig einmal die Tatsache außen vor, dass Berater auch Menschen sind, die sich in einem Raum wohl und im anderen unwohl fühlen. Aber was Klienten regelmäßig unterschätzen, ist die Signalwirkung des Teamraums in die Organisation hinein. Wenn das Sitzungszimmer des Vorstandsvorsitzenden als Teamraum zur Verfügung gestellt wird, weiß die ganze Organisation, wie wichtig dem Chef das Projekt ist. Es ist dann gar kein Problem, mit allen wichtigen Mitarbeitern zeitnah Termine zu bekommen. Aber wehe, das Beraterteam sitzt im Keller. Dann hat plötzlich keiner mehr Zeit für sie. Im besten Fall ernten sie noch ein schadenfrohes Grinsen in der Kantine.

Im Vergleich zu dem Gesamtaufwand eines Projektes spielt das Thema Infrastruktur finanziell gesehen eine absolut geringe Rolle. Aber hinsichtlich der Symbolik und dem wahrgenommenen Stellenwert des Beraters und des Projektes eine sehr essentielle.

Es gibt noch eine Reihe weiterer wichtiger Faktoren, die die Arbeitsfähigkeit des gemeinsamen Teams aus Klienten und Berater herstellen. Aber die werden eben auch gemeinsam im Team besprochen. Und zwar am besten im Rahmen des Kick-off-Meetings, um das es im nächsten Abschnitt gehen wird.

Klienten sollten:

- sich für die Planung der operativen Projektaktivitäten Zeit nehmen und konstruktiv einbringen,
- den Arbeitsplan als verbindliche Messlatte akzeptieren,
- das beste Team zusammenstellen und nur realistische Zusagen machen,
- den Beratern eine effektive Infrastruktur zur Verfügung stellen.

Berater sollten:

- den Arbeitsplan detailliert und konkret formulieren, ohne Spielraum für Interpretationen (um spätere Unstimmigkeiten zu vermeiden),
- jede einzelne Aktivität nach logischen Kriterien (notwendig, hinreichend) priorisieren, also auch streichen,
- die Planung basierend auf den eigenen Erfahrungen mit Puffern versehen,
- den Arbeitsplan als verbindliche Messlatte akzeptieren.

2.5 Ein Kick-off mit Signalwirkung und unter Berücksichtigung der Unsicherheiten

Jetzt kann es endlich losgehen! Die operativen Schritte zur vernünftigen Planung und Vorbereitung des Projektes sind erledigt. Nun kommt das Kick-off-Meeting. Oder, Moment mal – brauchen wir das überhaupt noch? In den meisten Projekten ist es ja bisher untergegangen, weil immer gleich so viel zu tun war.

Die Antwort auf die Frage lautet „Ja"! Unbedingt sogar. Oder, um es etwas differenzierter zu beantworten: Die Wichtigkeit eines Kick-off-Meetings steigt mit der Gesamtlänge des Projektes, der Anzahl der beteiligten Mitarbeiter und der „inhaltlichen Tiefe des Eingriffs" in die Organisation.

„Ein Projekt ist ein ‚temporärer Sozialkörper‘, der geboren werden muss und die Kontinuität des Gewohnten unterbricht. Nach Auftragsklärung und Besetzung der Projektgruppe ist das Kick-off-Meeting ein wesentlicher Schritt.“

(Wolfgang Looss, Coach und Organisationsberater)

Die Durchführung von Projekten gehört für die meisten Mitarbeiter mittlerweile längst zum Arbeitsalltag. Immer mehr Mitarbeiter sind in verschiedene Projekte gleichzeitig involviert. Und die Zusammenarbeit mit Beratern kennt man meist auch. Nichtsdestotrotz stellt zumindest ein großes Projekt immer wieder eine besondere Situation dar und am Anfang stehen bei den Beteiligten – einige werden ja erst im Moment des Kick-offs mit dem Projekt konfrontiert – viele Fragen im Raum: Was bedeutet das Projekt für mich persönlich und beruflich? Mit wem arbeite ich zusammen? Mag ich die anderen? Kann ich das, was von mir verlangt wird? Will ich es überhaupt? Wird es mir gelingen, das mit meinem Arbeitsalltag zu koordinieren?

Ein Kick-off-Meeting ist allein schon deshalb wichtig, weil es dem Projektteam aus Klienten und Beratern die Gelegenheit gibt, sich gegenseitig kennenzulernen. Es geht weiter darum, die Bedeutung des Projektes zu unterstreichen und alle Fragen und Befindlichkeiten zu adressieren – um zeitnah möglichst alle Unsicherheiten zu beseitigen. Es wird immer wieder unterschätzt, inwieweit das Kick-off-Meeting (bzw. die Nichtdurchführung eines solchen) die Tonalität und den Stil der weiteren Zusammenarbeit vorgibt.

Typische Unterlassungen sind:

- Ein Kick-off-Meeting wird prinzipiell nicht für wertschaffend gehalten.
- Es nehmen nicht alle relevanten Personen teil (Termindruck, Sie wissen schon …).
- Es wird nicht über die Form der Zusammenarbeit gesprochen, sondern nur über Inhalte.
- Es gibt keine Signalwirkung für den Projektstart, es ist einfach nur ein Meeting wie alle anderen.

Die konkrete Gestaltung eines Kick-off-Meetings kann sich von Fall zu Fall ändern. Manche Kick-offs dauern eine Stunde, andere zwei Tage. Manche finden im normalen Konferenzraum statt, andere außerhalb des Büros in einer außergewöhnlichen Location. Manche Kick-offs haben ein Rahmenprogramm, andere nicht. Manche Kick-offs sind eher Präsentationen, andere „echte“ Arbeitsmeetings.

Wie könnte eine Agenda eines Kick-off-Meetings aussehen?

- Begrüßung durch den Auftraggeber.
- Vorstellung und gegenseitiges Kennenlernen aller Mitglieder des Projektteams.
- Vorstellung des Projektes (Hintergrund der Projektentstehung, Auftrag und Zielsetzung, Ressourcen, externe Unterstützung).
- Begründung der Besetzungsentscheidung für das aktuelle Projektteam.
- Etablieren der Projektleitung.
- Spielregeln für den Umgang miteinander im Rahmen des Projektteams.
- Spielregeln für den Umgang mit den relevanten Gremien der Klientenorganisation.
- Den „Verwaltungsapparat" einrichten, zum Beispiel Jour fixes oder Dokumentationen.
- Vorstellung und Diskussion der Projektstruktur, Arbeitsmodule und Verantwortlichkeiten.
- Gegebenenfalls schon erste inhaltliche Diskussionen und Hypothesenbildung.
- Nächste Schritte, zum Beispiel Terminplanung, gemeinsam definieren.

Begrüßung durch den Auftraggeber

Hier taucht bereits die erste, fundamentale Frage auf, wer denn eigentlich für das Meeting verantwortlich ist. Wer ist der Leiter oder der „Hausherr" des Projektes? Die Antwort lautet ganz klar: der Auftraggeber. Die Berater können das Meeting gerne vorbereiten, aber sie sollten auf keinen Fall anstelle des Auftraggebers allen anderen Mitarbeitern der Klientenorganisation erklären, warum es das Projekt gibt. Das ist Aufgabe des Auftraggebers oder des Auftraggebers gemeinsam mit dem Klienten-Projektleiter. Und wenn der Auftraggeber sich schon keine Zeit für das Kick-off-Meeting nimmt, dann können Sie ja einmal raten, wie viel Aufmerksamkeit er dem Projekt im weiteren Verlauf und insbesondere während der langwierigen Implementierungsphase schenken wird. Hier geht es um die Signalwirkung: Wer steht hinter dem Projekt und wie wichtig ist es ihm?

Vorstellung und gegenseitiges Kennenlernen aller Mitglieder des Projektteams

Erste Regel zum gegenseitigen Kennenlernen: Es müssen alle anwesend sein! Lieber fängt man ein Projekt eine Woche später an, als es nur mit der halben Mannschaft zu starten. Das gilt sowohl für die Klienten- als auch für die Beraterseite. Insbesondere für die Partner der Beratung. Genau wie schon oben im Zusammenhang mit dem Auftraggeber erwähnt: Wenn er sich schon keine Zeit für das Kick-off-Meeting nimmt, dann können Sie ja einmal raten, wie viel Aufmerksamkeit er dem Projekt im weiteren Verlauf und insbesondere während der langwierigen Implementierungsphase schenken wird.

Das Kennenlernen lässt sich auch durch angemessene Moderationsspiele unterstützen. Aber Sie werden wohl schon innerlich stöhnen, daher soll dieser Punkt gar nicht weiter strapaziert werden. Wichtig ist, dass hier der Grundstein für den Aufbau vertrauter und vertraulicher Beziehungen zwischen den einzelnen Mitgliedern des Projektteams gelegt wird – wie auch immer Sie das anstellen. Und bitte nicht nur durch das Auflegen eines Slides mit Fotos der einzelnen Teammitglieder und den wichtigsten drei Stichwörtern hinsichtlich ihrer weitreichenden Erfahrungen. Denken Sie daran, Sie müssen vielleicht ein paar Monate lang zusammenarbeiten. Die meisten Menschen bringen in der Kneipe mehr Neugier und Fantasie auf, wenn sie jemanden nur für einen Abend kennenlernen wollen.

Vorstellung des Projektes

Als Nächstes erklärt wieder der Auftraggeber beziehungsweise der Projektleiter – nicht der Berater –, wie es zu diesem Projekt gekommen ist, welchen Auftrag das Projektteam hat, an welchen Zielen der Erfolg gemessen wird, welche Ressourcen dafür zur Verfügung stehen und wofür die externe Unterstützung geholt wurde. Den meisten Mitarbeitern sollte das nicht neu sein – aber es geht darum, für alle den gleichen Informationsstand sicherzustellen. Hier wird quasi alles rekapituliert, was in den ersten drei Phasen des Projektes erarbeitet wurde – von der internen Klärung über den Pitch bis zur Auftragsklärung.

Begründung der Besetzungsentscheidung für das aktuelle Projektteam

Aufbauend auf den Informationen über das Projekt erklärt der Auftraggeber oder Projektleiter noch einmal, welche Rolle jedes Mitglied des Teams im Rahmen des Projektes übernimmt. Warum und wofür wurde jeder Einzelne ausgewählt? Übrigens sollte dies die letzte Chance darstellen, dass ein designiertes Mitglied des Projektteams Zweifel an der Richtigkeit der Besetzungsentscheidung äußern darf. Nach dem Kick-off sind die Namen in Stein gemeißelt. Dazu sollte sich der Projektleiter am Ende dieser Runde, zumindest der Form halber, noch einmal nach etwaigen Zweifeln, Befindlichkeiten oder Fragen erkundigen.

Etablieren der Projektleitung

Jetzt sollten die beiden Projektleiter von Klienten- und Beraterseite gemeinsam in die Bütt. Signalwirkung: Wir arbeiten auf dieser Ebene des Projektes eng zusammen, also sollte der Rest das auch tun. Die beiden haben jetzt die Chance, ihre Regierungserklärung zu kommunizieren. Immerhin sind sie in dieser temporären Projektorganisation die Chefs. Und Mitarbeiter wissen prinzipiell gerne, worauf sie sich bei ihrem Chef einstellen müssen. Worauf legen die beiden Wert? Wo werden sie sich einbringen und wo überlassen sie die gesamte Verantwortung dem Team? Wie ist ihre Verfügbarkeit? Wie wollen sie eingebunden werden?

Spielregeln für den Umgang miteinander im Rahmen des Projektteams

Jetzt sollte das Team intern darüber sprechen, worauf sie im Umgang miteinander achten wollen. Die Moderation kann einer der beiden Projektleiter übernehmen. Hauptsache, sie sind sich einig über die Moderatorenrolle. Hier kann es um die einfachen Dinge wie „Pünktlichkeit bei Meetings" gehen oder auch schon um konkrete existierende Befindlichkeiten. Eine gute Frage, um diese Diskussion mit Klienten in Gang zu bringen, ist etwa: „Welche Erfahrung haben Sie mit Projekten im eigenen Haus gemacht? Was war gut – und sollte daher wieder passieren? Und was funktioniert oft nicht – was sollten wir also anders machen?" Oder auch: „Welche Erfahrungen haben Sie im Umgang mit Beratern bisher gemacht?" Wichtig ist, dass hier eine Atmosphäre geschaffen wird, in der sich alle trauen können, offen zu sprechen. Daher auch die Betonung des vernünftigen Kennenlernens am Anfang des Kick-offs. Und genauso wichtig ist es, die Kommentare der anderen ernst zu nehmen. Um es noch deutlicher zu sagen: Wenn ein Klient schlechte Erfahrungen mit Beratern gemacht hat – dann hat er sie gemacht! Da sollte man sich als Berater auf die Zunge beißen und das Verhalten der Kollegen oder Wettbewerber weder entschuldigen noch rechtfertigen noch einfach behaupten, „wir sind ja ganz anders", sondern einfach nur fragen, was man anders machen sollte als die Vorgänger. Denken Sie immer daran, im Kick-off-Meeting zeigt sich die Tonalität und Umgangsform für das ganze Projekt. Es wird sehr aufwendig, diesen ersten Eindruck später zu korrigieren.

*Spielregeln für den Umgang mit den relevanten Gremien
der Klientenorganisation*

Einerseits geht es in diesem Punkt der Agenda darum, dass sich die einzelnen Klienten im Projektteam von ihren gewohnten Hierarchiemustern und Rollenbildern verabschieden. Wichtig ist dieser Schritt vor allem bei konfliktären Konstellationen, wenn beispielsweise der Chef des Projektleiters selber ein Teilprojektleiter ist. Oder wenn der disziplinarische Chef eines Teammitglieds gegen das Projekt ist. Zum anderen geht es aber auch darum, die Interaktion mit dem Rest der Organisation zu klären. Wann wird worüber mit wem gesprochen? Welche Tabus gibt es? Welche Befugnisse hat das Projektteam in Bezug auf den Rest der Organisation? Welche Eskalationsprozesse werden angeboten?

Es geht auch um das Festlegen von vernünftigen Abstimmungsprozessen zwischen dem Projektteam und den relevanten Gremien, also zum Beispiel dem Lenkungsausschuss oder dem Vorstand. Diese Abstimmung sollte so eng sein, dass ein Zugriff auf alle relevanten Informationen gesichert ist und dass alle wichtigen Entscheidungen zeitnah getroffen werden können. Die Abstimmungsprozesse sollten weder so eng sein (Phänomen der „überbehütenden Mutter"), dass man drei Tage die Woche mit dem Erstellen von Status-Updates beschäftigt ist, noch sollten sie so freigiebig sein (Phänomen des „weggelegten Kindes"), dass man aufgrund fehlender Steuerung Gefahr läuft, zu lange in die falsche Richtung zu arbeiten.

Den „Verwaltungsapparat" einrichten

In jeder Organisation, also auch einer temporären Projektorganisation, gibt es einen gewissen Anteil an Verwaltungsarbeiten zu leisten. Wie sollen zum Beispiel der Projektfortschritt und die Ergebnisse dokumentiert werden? Soll es zu jedem Meeting ein Protokoll geben? Wo sollen diese Unterlagen abgelegt werden und von wem? Sollen die gesamten Kontaktdaten ausgetauscht werden? Soll ein zentraler Teamkalender eingerichtet werden? Was soll da alles eingetragen werden und wer pflegt ihn? Sind regelmäßige Meetings, sogenannte Jour fixes, sinnvoll? Wenn ja, wie oft, mit wem und an welchem Tag würde das klappen? Das sind lauter operative Fragen, die früher oder später auf den Tisch kommen. Also nehmen Sie sich lieber während des Kick-offs, wo ja alle relevanten Personen anwesend sind, ein wenig Zeit dafür.

Vorstellung und Diskussion der Projektstruktur, Arbeitsmodule
und Verantwortlichkeiten

Jetzt, wo die wichtigsten „Beziehungsfragen" geklärt sind, kann man sich wieder dem Projektinhalt zuwenden. Diesen Agendapunkt sollten die Berater übernehmen, wenn sie für die Gesamtsteuerung des Prozesses verantwortlich gemacht werden. An dieser Stelle des Kick-offs sollte jetzt der Arbeitsplan, der in der Vorbereitungsphase erarbeitet wurde, vorgestellt werden. Die geplante Struktur wird damit zur Diskussion gestellt. Selbstverständlich werden dabei für alle Unterthemen ebenso die Verantwortlichkeiten auf Klienten- und Beraterseite geklärt wie alle möglichen Schnittstellen und die Gesamtkoordination aller Themen. Letztlich geht es um die Verteilung der Macht im Projektteam. Wer berichtet was und wie oft an wen? Wo behält sich die Projektleitung das letzte Wort vor und welchen Entscheidungsspielraum hat jeder Einzelne? Wie soll der Umgang mit inhaltlichen Konflikten zwischen den einzelnen Modulen geregelt werden? Was kann im Projektteam gelöst werden und welche Fragen oder Konflikte werden an die „externen" Gremien der Organisation, also zum Beispiel den Lenkungsausschuss, weitergegeben? Das Ergebnis dieses Agendapunktes ist erreicht, wenn jeder im Team genau verstanden hat, wofür er verantwortlich ist, wann er sein Modul erfolgreich abgeschlossen hat, wie er das erreichen kann und auf welche Schnittstellen er zusätzlich achten muss.

Erste inhaltliche Diskussionen und Hypothesenbildung

Achtung, wichtig: Bis hierhin wurde noch kein einziges Slide mit Analysen, Diagnosen, Zitaten, möglichen Lösungen oder Ähnlichem gezeigt! Es ist immer wieder erstaunlich, dass viele Kick-offs entweder einer Wiederholung des Pitchs im Projektteam oder einer Abschlusspräsentation gleichen. Letztere wird dann lediglich mit einem Sticker „Draft" versehen. Es sollte klar geworden sein, dass ein Kick-off-Meeting grundsätzlich einem anderen Zweck dient, nämlich der Sicherstellung der Motivation und Arbeitsfähigkeit im Team und dem Signalisieren eines Aufbruchs.

Wie soll sich ein Klient im Kick-off-Meeting wohlfühlen, wenn er hier das erste Mal etwas über das Projekt erfährt, und zwar in Form einer Präsentation der Berater über die konkreten Details der geplanten Lösung? Manchem würde an der Stelle etwas in der Art von: „Na ja, wenn Ihr schon alles fertig habt, dann braucht Ihr mich ja wohl nicht mehr" durch den Kopf gehen. Und damit würde sicherlich bei vielen der Schalter von der Stellung

„Proaktiv" in die Stellung „Reaktiv" umgelegt werden, um einfach mal abzuwarten, was passiert. Also, frühestens an dieser vorletzten Position der Agenda sollte über erste konkrete Analysen oder inhaltliche Hypothesen gesprochen werden. Interaktion ist gefragt – keine Monologe und auch keine 50 Slides. Der Berater sollte dem Klienten signalisieren, dass sein Input wichtig für das Ergebnis ist. Dass er die Möglichkeit und die Pflicht hat, dieses Ergebnis mitzugestalten. Die Berater sollten bei der Kommunikation ihrer Hypothesen auch ein gewisses Maß an Vorsicht aufbringen und auf die Befindlichkeiten der Klienten achten. Es kann im Einzelfall durchaus sinnvoll sein, gezielt zu provozieren, aber ein wahrgenommenes „Das ist ja alles Mist, wie die das hier machen" wird das Kliententeam gegen die Berater aufbringen, noch ehe das Projekt richtig begonnen hat.

Nächste Schritte

Zum Abschluss des Kick-offs sollten noch kurz die konkreten nächsten Schritte besprochen werden. Was steht sofort oder in den nächsten Tagen an? Wer kümmert sich worum? Welche Fragen sind im Rahmen des Kick-off-Meetings noch offengeblieben und wer ist zuständig für die Beantwortung und die Kommunikation ans Team?

Und dann kann endlich jeder mit seiner Arbeit beginnen.

Noch ein kurzes Wort zu möglichen „internen Kick-offs" vor dem offiziellen Kick-off. Für Berater sollte es selbstverständlich sein, vor dem ersten Meeting mit dem Klienten auch ein eigenes Kick-off-Meeting durchzuführen. Hierfür gelten die gleichen Regeln – alle müssen teilnehmen, auch der Partner. Ein Punkt sollte gleich zu Beginn in die sonst analoge Agenda eingeschoben werden, und zwar die Vorstellung des Klienten. Was wissen wir schon über den Klienten, über die Organisation und einzelne Mitarbeiter? Haben wir dort schon einmal Projekte durchgeführt und auf welchen Erfahrungen und Beziehungen bauen wir auf? Meistens ist es gerade bei jüngeren Teams sinnvoll, auch über die Industrie des Klienten zu sprechen. Der Berater sollte sicherstellen, dass die entsprechenden Experten beim Kick-off anwesend sind, auch wenn sie nicht direkt in das Projekt eingebunden werden.

Auch für Klienten könnte ein internes Kick-off ohne die Berater sinnvoll sein. Der Projektleiter sollte auf die richtige Balance achten, zwischen einem „Wir bereiten uns intern vor, da wir die Verantwortung für das Projekt behalten wollen" und „Wir verschwören uns, bevor der Berater die Chance hat, uns in seinem Sinne zu beeinflussen".

Klienten sollten:

- alle teilnehmen – Auftraggeber, Projektleiter und das gesamte Projektteam,
- hier schon deutlich machen, dass sie die Gesamtverantwortung für das Projekt behalten, indem der Auftraggeber das Projekt vorstellt und der Projektleiter das Kick-off leitet,
- die möglichen Befindlichkeiten ihrer Mitarbeiter (verfügbare Zeit, Kompetenz, Sinnhaftigkeit des Projektes, interne Konflikte usw.) ernst nehmen und adressieren,
- dem Berater gegenüber offen kommunizieren, worauf sie in der Zusammenarbeit Wert legen.

Berater sollten:

- alle teilnehmen – auch die Partner,
- auf die Tonalität und den Stil achten – mehr Interaktion, mehr Beziehungsaufbau und weniger Inhalt,
- der Versuchung widerstehen, bereits erste Erkenntnisse oder gar Ergebnisse zu präsentieren,
- darauf achten, dass die abgestimmten Spielregeln eine effektive und effiziente Zusammenarbeit ermöglichen.

2.6 Eine effiziente Durchführung – von der Diagnose über die Empfehlung bis zur Implementierung

Wenn an dieser Stelle alle bisher in diesem Buch beschriebenen Voraussetzungen erfüllt und Schritte vernünftig durchgeführt wurden, dann gäbe es hier eigentlich nichts mehr zu sagen. Das Projekt kann kaum noch anders als wirksam und effizient werden.

Aber anders formuliert, holt die Beteiligten hier all das ein, was im Vorfeld nicht richtig oder nicht gut genug gemacht wurde. Leider typische Probleme für viele komplexe Beratungsprojekte sind eine hohe Arbeitsbelastung, hoher Zeitdruck, viele Richtungsänderungen, Widerstand und gelegentliche Frustration auf beiden Seiten. Und natürlich unendlich lange Präsentationen – leider oft ohne explizite Aussagen, stattdessen mit viel Management- und Beratersprache. Das muss aber nicht sein. Wenn man an die im Kapitel „angemessene Haltung" beschriebenen Themen denkt und ein paar Verhaltensweisen berücksichtigt, kann der Prozess durchaus für beide

Seiten schmerzfrei ablaufen. Und wenn Klienten und Berater nicht nur die Inhalte im Vorfeld geklärt haben, sondern auch auf die Beziehungen achten, kann die gemeinsame Zusammenarbeit sogar Spaß machen.

Es geht mir weder darum, ein weiteres Handbuch zum Thema „Projektmanagement" zu schreiben – schon gar nicht mit einem entsprechenden Anspruch auf Vollständigkeit –, noch geht es darum, alle Detailphasen eines Projektes bis hin zur Implementierung zu beschreiben. Häufig ist der Berater ja bei der Implementierung ohnehin nicht mehr dabei – nicht weil er nicht will, sondern weil der Klient es auch ohne Unterstützung kann oder er das Geld für den Berater nicht mehr ausgeben möchte.

Die typischen Herausforderungen im Rahmen von beraterunterstützten Projekten werden weiterhin den Fokus bilden. Dabei kann man zwischen inhaltlichen und funktionalen Herausforderungen unterscheiden. Von den zahllosen wichtigen, operativen Themen sind die folgenden erfahrungsgemäß essentiell:

Bezogen auf die inhaltliche Dimension der Projektarbeit:

- Vor der Bewertung eines Sachverhalts erst ausreichend diagnostizieren.
- Bei der Konzeptionierung schon an die Implementierung (= „Zeit nach dem Berater") denken.

Bezogen auf die funktionale Dimension der Projektarbeit:

- Die richtige Balance zwischen Fokus und Flexibilität finden.
- Die Stakeholder konsequent in die Pflicht nehmen.
- Klare Botschaften oft kommunizieren.
- Den Widerstand der Organisation erforschen und wertschätzen, nicht bekämpfen.

Erst diagnostizieren, dann bewerten

Eine besonders geschätzte Fähigkeit von Beratern ist, dass sie sich schnell von einer neuen Situation ein Bild machen und erkennen, wie man diese Situation optimieren kann. Allerdings wird diese Schnelligkeit auch häufig zum Selbstzweck übertrieben. Die Gefahr ist dabei das sogenannte „Jumping to Conclusions". Vor der Bewertung eines Sachverhalts sollte immer erst sichergestellt werden, dass man alle relevanten Aspekte tatsächlich berücksichtigt hat.

Zugegeben, es ist eine schwierige Aufgabe, den Punkt zu identifizieren, an dem man ausreichend diagnostiziert hat, um zu einer realistischen Beurteilung der Situation zu kommen. Insbesondere für den Berater, der ja eben gar nicht weiß, was er alles noch nicht weiß. Er hat als Externer ja per Definition lauter blinde Flecken. Darin liegt auch genau die Verantwortung des Klienten: Er muss sicherstellen, dass der Berater über alle notwendigen Informationen verfügt, bevor er sich zu einer Bewertung hinreißen lässt.

Eine effektive Diagnose braucht vier Dinge: Erstens, einfach mehr davon – denn Berater diagnostizieren tendenziell eher zu wenig als zu viel. Zweitens, die Einbeziehung des Klienten mit all seinem Wissen über die Situation und eventuell auch Dritter, zum Beispiel Kunden oder Zulieferer. Drittens, die Berücksichtigung aller möglichen Datenquellen. Also sekundäre Daten (Berichte, Analysen), Fragebögen, Interviews, Beobachtungen beim Klienten vor Ort, Fokusgruppen und so weiter. Und viertens, eine stringente Reihenfolge des Diagnoseprozesses: Datensammlung, Datenauswertung, Synthese, Bewertung.

Übrigens gilt diese bewusste „Verlangsamung" sowohl in Bezug auf die Situation der Klientenorganisation wie auch in Bezug auf eine Beurteilung einzelner Personen. Erschreckend, wie schnell sich manch ein Berater ein Urteil über einen Mitarbeiter des Klienten erlaubt und dieses dann vielleicht auch noch kommuniziert. Natürlich kann es im Einzelfall notwendig sein, dass sich ein Berater im Rahmen der Diagnose einer schwierigen Situation auch ein Bild über die einzelnen Mitarbeiter machen muss. Schwierig wird es dann, wenn er zum Beispiel einen bestimmten Mitarbeiter als wesentliches Hindernis im Hinblick auf ein erfolgreiches Projekt identifiziert. Was soll er tun? Wie lange soll er versuchen, sich mit diesem Mitarbeiter auseinanderzusetzen, und wann soll er die Beobachtung eskalieren? Das ist eine schwierige Entscheidung. Und letztlich mal wieder eine Frage der Werte des jeweiligen Beraters – wobei die unterschiedlichen Beratungen hier wahrscheinlich die gesamte Bandbreite abdecken.

Aber das Thema „Diagnose" soll nicht mit einem Nebenschauplatz enden. Letztlich geht es einfach nur darum, mehr Zeit in die Sammlung, Auswertung und Synthese der unterschiedlichen Datenquellen zu investieren, bevor diese Erkenntnisse zur relevanten Bewertung im Hinblick auf eine mögliche Lösung führen.

Bei der Konzeptionierung schon an die Implementierung (= „Zeit nach dem Berater") denken

Gefährlich wird es für den Erfolg eines Konzeptes, wenn ein höherer Anspruch an den Intellekt der Lösung als an die Implementierbarkeit gelegt wird. Natürlich soll eine Lösung kreativ, innovativ und möglichst einzigartig sein. Sie soll ja in der Regel zu einem nachhaltigen, also zu verteidigenden, Wettbewerbsvorteil führen. Aber die beste Idee taugt nichts, wenn der Klient sie nicht umsetzen kann. Die Organisation des Klienten ist zunächst einmal so, wie sie ist. Real – nicht ideal. Mit all ihren Stärken, Schwächen, Eigenarten und den mehrfach erwähnten Prägungen durch die „geronnenen" Erfahrungen.

Vom Berater wird erwartet, eine Lösung zu finden, die die Organisation mit einigem Ehrgeiz und einiger Anstrengung, aber eben doch realistisch implementieren kann. Und zwar nachhaltig. Zusätzlich erschwert wird dieser Anspruch durch die Tatsache, dass die wenigsten Berater Erfahrungen damit haben, was eigentlich in einer Organisation alles passiert, nachdem die Berater ihre Arbeit abgeschlossen haben und wieder weg sind. Da sie selber Veränderungen gegenüber aufgeschlossen sind, gehen sie leider allzu häufig davon aus, dass alle Menschen so sind – und das entpuppt sich leider immer mal wieder als Trugschluss.

Die Lösung liegt einmal mehr in der engen Zusammenarbeit mit dem Klienten. Solange der Klient die letztliche Verantwortung für den Erfolg des Projektes bei sich behält, wird er auf die Implementierbarkeit des Konzeptes achten. Und in diesem Fall wäre es auch sinnvoll, die Rolle des Klienten und die des Beraters komplementär aufzustellen: Der Berater schlägt möglichst ideale Lösungen vor und der Klient hinterfragt die Implementierbarkeit. Welche Rahmenbedingungen müssten geschaffen werden? Welche Ressourcen wären notwendig? Wie lange würde es dauern? Mit welchen Widerständen und Konflikten müssten wir rechnen? Welche externen Reaktionen könnten die Implementierung beeinflussen? Welche Konsequenzen hat die Veränderung für unsere sonstigen Arbeitsabläufe – passt da noch alles zusammen? Passt die Veränderung überhaupt zu unserer Unternehmenskultur? Es gäbe noch viele weitere Fragen.

In diesem Zusammenhang ist es wichtig, dass der Klient auch immer wieder ohne die Berater mit seinen Mitarbeitern über das Projekt spricht, damit das Ergebnis tragfähig und das Know-how in der Klientenorganisation verankert wird.

Beide Seiten, Klienten wie Berater, müssen verstehen, dass Veränderung nur sehr selten durch einen kurzen Impuls oder durch Vorschläge erreicht wird. Die geplante Veränderung braucht einen konsequenten und strukturierten Prozess und muss inhaltlich in der Realität verankert werden, und zwar so frühzeitig wie möglich. Das bedeutet, dass schon in der Phase der Konzepterstellung über die möglichen und notwendigen Anker gesprochen werden sollte. Dazu gehören zum Beispiel Konzernrichtlinien, Vergütungssysteme, Reportingsysteme, das Organisationshandbuch und natürlich die Vorbildfunktion der verantwortlichen Führungskräfte.

Die richtige Balance zwischen Fokus und Flexibilität finden

Sie merken schon, bei fast allen operativen Herausforderungen geht es nicht um richtig oder falsch, sondern um eine angemessene Balance zwischen zwei Polen. In diesem Punkt geht es um die Frage: Wie viel Wert soll man auf eine Fokussierung – also dem konsequenten Einhalten der geplanten Vorgehensweise – versus einer Flexibilität – also der situativen Anpassung meiner Planung auf Basis aktueller Erkenntnisse – legen?

Das Kriterium für die Entscheidung sollte immer eine möglichst ausgeglichene Paarung aus Wirksamkeit und Effizienz sein. Wobei beide Einzelkriterien mal überwiegen und mal nachgeordnet sein können. Zu einer unausgeglichenen Balance kommt man schnell, wenn immer nur eines der beiden Teilkriterien überwiegt. Bei den meisten Beratungen wird deutlich mehr Wert auf die Qualität des Ergebnisses gelegt als auf die Effizienz des Prozesses. Das ist ja genau die Quelle der meisten Frustrationen – für Berater, aber auch für die Klienten.

Es sollte als Grundhaltung vereinbart werden: Wir bleiben so lange bei der ursprünglichen Planung, bis entweder die Wirksamkeit oder die Effizienz des Projektes massiv gefährdet werden. Dann wird nachgesteuert, allerdings nicht auf Kosten des jeweils anderen Kriteriums, sondern in einer ausgeglichenen Art und Weise. Und diese Balance bezieht sich nicht nur auf die geplanten Aktivitäten, sondern gegebenenfalls auch auf die abgestimmten Rollen oder sogar das Gesamtziel des Projekts.

Bezüglich der Vereinbarungen und Rollen kann die Frage auftauchen, ob jeder auf dem ihm zugewiesenen Platz im Auto sitzen bleibt, oder ob der Berater in einer bestimmten Situation doch einmal in das Lenkrad greifen muss beziehungsweise der Klient den Berater mal auf den Rücksitz verweisen sollte. Solange jeder seine Aufgabe verantwortlich erledigt, wird es wohl kaum zu solchen Auseinandersetzungen kommen. Aber wehe, es lehnt sich jemand in seiner Verantwortung zurück.

Die größte Verführung liegt in der Anpassung des Arbeitsplans. Sei es nun, dass der Klient plötzlich Nebenthemen einbringen möchte, oder auch, dass der Berater plötzlich eine andere Vorgehensweise für besser hält. Es liegt in der Verantwortung der beiden Projektleiter, Klient wie Berater, hier die Steuerung des Projektes sinnvoll und gewissenhaft anzupassen. Es gibt Änderungswünsche, die nachvollziehbar sowie sinnvoll sind und im Vorfeld tatsächlich übersehen wurden. Die Wünsche müssen nun möglichst sozialverträglich in den Arbeitsplan eingearbeitet werden. Dabei ist wieder Priorisierung gefragt: Themen sortieren und vor allem auch festlegen, was stattdessen nicht mehr gemacht wird. Und es gibt andere Änderungswünsche, die unsinnig sind. Da müssen Klienten wie Berater dann das Rückgrat haben, dem anderen gegenüber klar „Nein" zu sagen.

Goldene Regel Nummer 11 (Klienten)

Widerstehe der Versuchung, den Berater mit Nebenthemen oder Befindlichkeiten auszubremsen.

Goldene Regel Nummer 11 (Berater)

Sei offen für vorgeschlagene Änderungen des Arbeitsplans, aber traue Dich auch, dem Klienten gegenüber „Nein" zu sagen.

Ein Berater hat mir von dem Controller eines Fernsehsenders erzählt, der bei jeder neuen, nicht geplanten Datenanfrage vom Berater verlangt hat, ihm genau zu erklären, welche Frage er damit beantworten oder welche Hypothese er überprüfen möchte. Für den Berater war das zunächst unheimlich lästig. Er ging nämlich in der Hälfte der Fälle ohne Daten zurück in den Teamraum. Wenn er aber die Frage oder Hypothese genau darlegen konnte, hat der besagte Controller sofort die relevanten Daten zur Verfügung gestellt. Häufig, so der Berater, waren das dann auch andere, als er geglaubt hatte zu brauchen. Letztlich musste er also erkennen, dass er durch dieses konsequente Nachfragen des Klienten sehr viel Zeit gespart hat, die er sonst mit unsinnigen Analysen verbracht hätte.

Ein anderes konkretes Beispiel für eine – in diesem Fall unausgeglichene – Balance zwischen Fokus und Flexibilität sprachen einige der interviewten Klienten an. Es geht um die häufige Vorgehensweise von Beratern, Datenpunkte zu unterschiedlichen Organisationseinheiten mit Hilfe von Templates vergleichbar zu machen. Kritisiert wird, dass dabei immer wieder die relevanten Fachkenntnisse sowie jegliche Individualität verlorengehen. Sicherlich sei diese Vorgehensweise geeignet, um eine übersichtliche Erfassung sicherzustellen. Aber die Übertreibung gehe klar zu Lasten der Implementierbarkeit der darauf aufbauenden Lösungsvorschläge.

Es hat also weder Sinn, sich krampfhaft an einem vereinbarten Arbeitsplan festzuhalten, wenn man merkt, dass man ihn auf einer falschen Hypothese aufgebaut hat. Andererseits ist es höchst ineffizient, opportunistisch zu arbeiten und einen Arbeitsplan nur noch für den jeweiligen Tag zu erstellen. Das rechtfertigt auch kein „Hey, jetzt sei doch mal flexibel"-Spruch, den so viele Berater mit einem Grinsen auf dem Gesicht gerne von sich geben.

Die Stakeholder konsequent in die Pflicht nehmen

Dass man die relevanten Stakeholder regelmäßig über den Status quo der Lösungsfindung informieren sollte, ist sicherlich allen Beteiligten ebenso klar, wie dass man versuchen sollte, immer wieder deren unterschiedliche Perspektiven einzunehmen.

Es wird häufig unterschätzt, dass man die relevanten Stakeholder auch konsequent in die Pflicht nehmen muss. Fangen wir mit dem Auftraggeber an. Auch wenn dieser sich nicht als ständiges Mitglied des Projektteams versteht, so trägt er doch eine bestimmte Verantwortung für den Gesamterfolg. Das Gleiche gilt für den einen oder anderen Partner auf Seiten der Berater, der vielleicht glaubt, sein Projektleiter „mache das schon". Das Projektteam sieht sich in der Verantwortung, diesen „Chefs" regelmäßig zu berichten und sich von ihnen die Steuerungsimpulse abzuholen. Aber vielleicht sollte der Auftraggeber auch eine konkrete Aufgabe im Rahmen des Projektes übernehmen, zum Beispiel bestimmte Lobby-Arbeiten, das Besorgen von Geldern oder die Abstimmung von Schnittstellen auf oberster Ebene. Und der Partner der Beratung sollte vielleicht auch einmal an bestimmten, schwierigen Meetings teilnehmen und seine Expertise und sein „Schwergewicht" einbringen.

Die meisten Auftraggeber und Partner bringen sich natürlich selbständig in den Prozess ein, da sie sich ihrer Verantwortung und ihrer Möglichkeiten bewusst sind, aber bei den anderen liegt es in der Verantwortung des Projektteams, insbesondere in der Person der beiden Projektleiter, diese Chefs entsprechend zu managen und sie in die Verantwortung zu nehmen. Oft halten einen die eigenen Befindlichkeiten davon ab – immerhin reden wir über die „Chefs". Sie entscheiden über das „Ach und Weh" einer Karriere. Kann man die wirklich in die Pflicht nehmen? Ja, natürlich! Sie haben ja eine bestimmte – idealerweise im Kick-off vereinbarte – Rolle im Projekt.

Gleiches gilt für die anderen Stakeholder. Vielleicht gibt es Kunden, Zulieferer oder Geschäftspartner, die in das Projekt einbezogen werden, oder andere Gremien oder Geschäftsbereiche des Klienten, zu denen das Projekt eine Schnittstelle oder zumindest Abstimmungsbedarf hat.

Letztlich ergibt sich das „In-die-Pflicht-Nehmen" als operative Aufgabe für die beiden Projektleiter auf Klienten- und Beraterseite auch aus einer angemessenen Haltung: raus aus dem reinen „Ablieferungsmodus" und rein in die Verantwortung für die Steuerung aller Projektverantwortlichen – egal auf welcher Ebene.

Klare Botschaften oft kommunizieren

Kritikpunkt Nummer 1 aller Klienten an alle Berater: Zu viele und viel zu komplizierte Slides. Und was machen die Berater? Noch mehr und noch kompliziertere Slides.

Um ein Negativbeispiel zu geben, wie es nicht laufen soll: Es geht um einen Klienten, dem eine Beratung im Rahmen einer Due Dilligence (der Klient stand zum Verkauf) die Managementpräsentation vorbereitet hat. 450 Seiten für eine achtstündige Präsentation – Das ist Wahnsinn. Der Klient war völlig überfordert. Erstens ist eine achtstündige Präsentation per se eine Zumutung für jeden noch so willigen Zuhörer. Und zweitens schafft selbst der beste Präsentator keine 60 Slides pro Stunde. Zumindest nicht so, dass etwas anderes hängenbleibt als die Augenlider der Zuhörer.

Grundsätzlich sollte gelten: Qualität vor Quantität. Und jedem, der entsprechend geschult wurde, ist klar, dass Qualität vor Quantität eine Frage der Intelligenz und oft auch eine Frage der verfügbaren Zeit ist. Es ist viel leichter, nach einigen Monaten Arbeit die entstanden 200 Slides einfach in Häufchen zu sortieren, eine Agenda dazwischenzulegen und das Ganze dann Präsentation zu nennen, als nur die notwendigen und hinreichenden, expliziten Botschaften logisch nachvollziehbar und in einer klaren Struktur auf 20 Slides zu destillieren. Diese Erkenntnis ist natürlich nicht neu. Es gibt unzählige Zitate, in denen es um die Bedeutung der Kürze geht.

Kurz und gut

„Lieber Freund, entschuldige meinen langen Brief,
für einen kurzen hatte ich keine Zeit."

Charlotte von Stein (1742–1827), Hofdame in Weimar,
an Johann Wolfgang von Goethe

„Was nicht auf einer einzigen Manuskriptseite zusammengefasst werden kann, ist weder durchdacht noch entscheidungsreif."

Dwight D. Eisenhower (1890–1969),
amerikanischer General und Politiker

„Wer was zu sagen hat, hat keine Eile. Er lässt sich Zeit und sagt's in einer Zeile."

Erich Kästner (1899–1974), deutscher Schriftsteller

Bleiben wir noch beim Thema „Qualität". Das Ziel ist es, so deutlich zu kommunizieren, dass es zu einer Wirkung kommt. Der Adressat soll von einer Sache überzeugt werden oder etwas Konkretes tun. Es geht also nicht um Klarheit zum Selbstzweck der Provokation, sondern um die Möglichkeit einer konstruktiven Auseinandersetzung.

Die Klarheit der Aussagen wird durch Management- und Beratergerede regelmäßig reduziert. Jeder kennt dieses Phänomen: eine Aneinanderreihung von wichtig klingenden Wörtern, die nur für den Autor einen Sinn ergeben. Sie werden nichts bewirken, da der Zuhörer nicht erfährt, was er denn konkret tun soll, oder weil es viel zu viele Möglichkeiten gibt, was gemeint sein könnte. Es sei Ihnen erspart, hier Beispiele aufzuführen. Klicken Sie lieber einmal auf den „Mission Statement Klopfomat" von Achim Schwarze, 2003 (http://www.kleinebroetchen.de/spruchklopf/f067-aufruf-klopfomat101audio.htm). Das ist sehr unterhaltsam – zumindest kurzfristig.

Gut, jetzt denken Sie vielleicht: „Das ist doch ein alter Hut." Aber es gibt noch viel harmloser daherkommende Aussagen, die Botschaften absolut wirkungslos bleiben lassen. Beispielsweise „eine relevante Zahl der Mitarbeiter hält diese Maßnahme für wichtig" (die relevante Anzahl ist eins, und der eine ist der Sprecher!). Oder „diese Maßnahme wird Ihren Umsatz signifikant steigern". Das wird kaum einen Klienten in Versuchung bringen, einen größeren Aufwand zu investieren. Was ist denn „signifikant"? 0,5 Prozent? 3 Prozent? 10 Prozent?

Um zu verdeutlichen, was unter einer klaren Aussage zu verstehen ist, nehmen wir eine Anleihe aus der formalen Logik. Dort ist ein Kriterium für die Definition eines Aussagesatzes, dass der Inhalt des Satzes auf Wahrheit überprüft werden kann. Das geht bei den obigen Beispielen nicht, da weder „relevant" noch „signifikant" eindeutig definiert sind. Auch Slide-Überschriften wie „Wettbewerbervergleich" oder „Überleitung Kurzfristplanung" taugen nach diesem Kriterium nicht als Aussagen.

Botschaften wie „Das aktuelle Konsumentenverhalten macht eine Anpassung Ihres Produktportfolios notwendig, wenn Sie das Umsatzziel für 2010 erreichen wollen" taugen durchaus. Solche klaren Aussagen sind gut zu verstehen und man kann sich mit ihnen konstruktiv auseinandersetzen. Hat der Berater das aktuelle Konsumentenverhalten richtig eingeschätzt? Ist die Anpassung des Produktportfolios tatsächlich notwendig? Und ist das tatsächlich die einzige Maßnahme, mit der das Unternehmen das Umsatzziel erreichen kann? Genau diese konstruktive Auseinandersetzung ist das Ziel einer klaren Kommunikation.

Wenn die Formulierung allerdings lautet: „Im Prozess XY sollte Abteilung A anstelle von B zukünftig die Verantwortung für Schritt drei übernehmen" – dann schauen Sie mal, was passiert. Die Optionen sind, dass „A" die Verantwortung nicht haben und „B" sie nicht abgeben möchte.

Gerade Umsetzungsempfehlungen sollten daher nicht auf der abstrakten Ebene stehengelassen werden. Genau wie bei der Formulierung des Auftrags, über die wir weiter oben in diesem Kapitel ausführlich gesprochen haben, möchte der Adressat bei einer Handlungsempfehlung konkret wissen, was er tun soll und wann er damit fertig ist. Also statt „Stärkung der regionalen Effektivität" (da gibt es tausend Möglichkeiten) lieber „Übergabe der Planungsverantwortung in die Regionen". Und statt „Review Managementprozesse" (wann ist man damit fertig?) lieber „Entscheidung, ob Managementprozesse angepasst werden müssen".

Zusammenfassend lässt sich daher sagen, dass eine klare Kommunikation eine Grundvoraussetzung für die Wirksamkeit des Projektes ist. Genau daher sollten sowohl die Berater wie auch die Klienten die Verantwortung dafür übernehmen. Der Berater bei der Formulierung der Botschaften, der Klient beim Sicherstellen, dass er die Botschaft auch richtig verstanden hat. Und als doppelte Sicherung sollte der Berater dann am Ende noch einmal nachfragen: „Würden Sie mir zur Sicherheit noch einmal sagen, was Sie ab morgen ganz konkret anders machen?" Gibt es auf diese Frage nicht die richtige Antwort, dann muss man nochmals von vorne anfangen.

In dem Appell „Klare Botschaften oft kommunizieren" geht es aber nicht nur um die Form oder den Inhalt der Kommunikation, sondern auch um den Kommunikationsprozess. In dem Appell steckt ja schon das Wörtchen „oft". Grundsätzlich kann man sicherlich postulieren, dass in den meisten Projekten zu wenig kommuniziert wird. Mit jedem Einzelnen zu selten (manchmal muss man auch die gleiche Botschaft mehrmals hören, damit sie wirkt), und vor allem auch an zu wenige Personen gerichtet. Holen Sie die Leute immer wieder ab. Suchen Sie den direkten Kontakt, selbst wenn die Person nicht direkt betroffen zu sein scheint. Das Projektteam sollte seine Kontakte nicht nur nach dem eigenen Nutzen selektieren und nicht nur Daten anfordern, sondern auch unaufgefordert über den Stand der Dinge und die Inhalte sprechen. Und das auch nicht nur mit den „Fürsten", sondern auch zur Seite und vor allem nach unten in die Organisation hinein. Gerade für diesen letzten Punkt liegt die Hauptverantwortung übrigens beim Klienten-Projektleiter, und nicht beim Berater.

Den Widerstand der Organisation erforschen und wertschätzen, nicht bekämpfen

Wir haben im Kapitel „Auf einen verbindlichen Stil im Umgang miteinander achten" über Widerstand im Zusammenhang mit Veränderungen und über die unterschiedlichen Formen, in denen er sich äußern kann, gesprochen.

Wohl dem Berater, der an einen Klienten gerät, der seinen Widerstand offen kommuniziert. Das ist dann der vorbildhafte „gute Klient". Widerstand ist die Information mit dem größten Informationsgehalt. Und es ist vor allem die einzige Information, die garantiert ehrlich ist.

Stelle die inhaltliche Relevanz der Ergebnisse dadurch sicher, dass Du Bedenken und Widerstände offen und konstruktiv thematisierst.

Skepsis ist immer dann angesagt, wenn Klienten in Meetings freudestrahlend verkünden: „Lieber Berater, ich bin ja so froh, dass Sie hier sind, um uns zu helfen." Dann sollten gleich die Alarmglocken läuten: Politiker, Taktiker, Lobbyist? Jemand, der schon hinter seinem Rücken die Messer wetzt und dem Berater bei der nächsten Gelegenheit eins auswischen wird? Natürlich gibt es auch viele Klienten, die es tatsächlich so meinen – den Unterschied erkennt man meistens sehr schnell.

Skepsis ist auch angesagt, wenn die Klienten sich quasi gar nicht zu einer Sache äußern. Wenn die Antwort auf die Frage: „Na, wie ist das Meeting gelaufen?" lautet: „Prima, alles im grünen Bereich. Es gab keinerlei kritische Anmerkungen", dann sollte man vielleicht beim Klienten noch einmal nachhaken.

„Widerstand nicht bekämpfen" ist Teil der zentralen Aussage dieses Abschnitts. Was heißt das? Wenn ein Klient in einem Meeting sagt: „Ich bin damit aber nicht einverstanden", dann gibt es darauf eine gute und drei weniger gute Reaktionen.

Die drei schlechten Reaktionen sind:

- „Das macht nichts, wir brauchen Sie gar nicht für diese Entscheidung."
- „Ich erkläre Ihnen das gerne noch einmal" (Oberlehrer).
- „Womit genau sind Sie nicht einverstanden und wie können wir unsere Argumentation ergänzen?" (schon deutlich besser, bleibt aber nur auf der inhaltlichen Ebene).

Die gute Reaktion ist, den Widerstand zu erforschen und die Einwände ernst zu nehmen. Das bedeutet, zunächst einmal die Grundhaltung einnehmen: „Erst verstehen, dann verstanden werden". Also raus aus dem „Professor-Modus", rein in einen „Forscher-Modus". Der Maßstab hierbei ist übrigens die Wahrnehmung des Klienten – nicht die eigene Intention. Das funktioniert erst dann, wenn der Klient wirklich davon überzeugt ist, dass der Berater ihn ernst nimmt und seine Perspektive, seine Meinung und auch seine Bedenken verstehen möchte. Also: Erst Position äußern, dann Reaktionen wahrnehmen, klärende Fragen stellen, zuhören und erst dann die eigene Position erklären, oder, falls nötig, auch anpassen. Es ist ja durchaus möglich, dass die Einwände der Klienten berechtigt sind.

Übrigens laufen die meisten komplexen Widerstände auf einer persönlichen oder der Beziehungsebene ab. Die rein inhaltlichen Meinungsverschiedenheiten sind in der Regel einfach und schnell zu lösen.

Position äußern

Zunächst muss eine Projektionsfläche für den Widerstand geschaffen werden. Das heißt: Es müssen klare Aussagen getroffen werden – durchaus auch einmal mit gezielten Provokationen oder Irritationen. Hauptsache, der Widerstand kommt auf den Tisch, solange beide Seiten im Raum sind und sich damit auseinandersetzen können. Viel schlimmer ist es hingegen, wenn kritische Diskussionen nach einer Präsentation ohne den Berater geführt werden oder – noch schlimmer – nach einem Auftritt einfach gar nichts passiert.

Wahrnehmen

Es gibt unzählige Signale, in denen sich Widerstand äußert und auf die man achten sollte. Im Kapitel „Auf einen verbindlichen Stil im Umgang miteinander achten" (siehe Seite 103ff.) ist eine ganze Reihe typischer Signale aufgeführt. Wichtig ist, dass man sie aufmerksam wahrnimmt und auch als Widerstand wertet, nicht aber einfach als „persönlichen Stil" abtut. Widerstand ist auch über Blicke, Augenkontakt zwischen Klienten, Körpersprache und Mimik wahrzunehmen.

Fragen stellen

Hier geht es nicht um eine Abhandlung über Einwandbehandlung – da sei auf die entsprechende Literatur verwiesen. Es geht nach wie vor um die Grundhaltung, Widerstand zu erforschen und nicht zu bekämpfen. Und das funktioniert nicht mit weiteren Erklärungen oder Fragen rhetorischer oder suggestiver Art. Es bedarf zunächst klärender Fragen, um die Position des Klienten transparent zu machen, und dann offener Fragen, um die Motivationen zu erforschen oder auch mögliche Alternativlösungen zu entwickeln.

Zuhören

Im Dialog spricht man davon, so zuzuhören, „als ob der andere sehr weise ist". Das trifft es ganz gut. Eigentlich ist diese Empfehlung nichts Neues, aber doch immer wieder eine Herausforderung: Wirklich zuhören und wohlwollend versuchen zu verstehen, was der andere sagen will. Und nicht gleich anhand der eigenen Agenda und Position bewerten oder gar abwerten und entsprechend reagieren.

Eigene Position erklären und falls nötig auch anpassen

Das Stichwort lautet „Ergebnisoffenheit". Egal ob der Widerstand inhaltlicher, persönlicher oder emotionaler Natur ist – immer daran denken, dass der Klient irgendwann selber für die Implementierung der Veränderung verantwortlich sein wird. Es ist also in jedem Fall besser, sich mit den Einwänden des Klienten konstruktiv auseinanderzusetzen, sonst wird im schlimmsten Fall die Veränderung einfach nicht implementiert. Und wenn das die Option ist, dann weicht der Berater doch lieber ein Stück weit von seiner „Ideallösung" ab und erhöht stattdessen die Realisierungswahrscheinlichkeit – dabei natürlich immer vorausgesetzt, der sich „widerstrebende" Klient spielt für die Implementierung tatsächlich eine relevante Rolle. Es geht in keiner Weise darum, es jedem recht machen zu wollen. Es ist wie oft in diesem Buch eine Frage der Balance.

Natürlich sollte man als Berater von seiner Empfehlung überzeugt sein und entsprechend argumentieren – allerdings nicht stur darauf beharren, recht zu haben oder dies als die einzig denkbare Lösung anzusehen. Die Anpassung einer Empfehlung an die Klientenbedürfnisse hat nichts mit Gesichtsverlust zu tun – ganz im Gegenteil, es erhöht in den meisten Fällen sogar die Glaubwürdigkeit des Beraters.

Widerstand erforschen

Die Frage, in welchem Setting das am besten funktioniert, hängt von der Art des Widerstandes ab. Kleinere, vielleicht rein inhaltliche Meinungsverschiedenheiten lassen sich oft auch direkt in einem größeren Meeting klären. Vielleicht kann die Einbeziehung der Kollegen des entsprechenden Mitarbeiters sogar bei der Klärung helfen. Sobald sich der Widerstand eher auf der persönlichen oder emotionalen Ebene befindet, wäre allerdings ein vertrauliches Gespräch unter vier Augen sinnvoller.

Widerstehe dem Impuls, den Widerstand eines Klienten zu bekämpfen. Erforsche ihn stattdessen und nutze die gewonnene Information, um Deine Empfehlung realisierbar zu gestalten.

Vielleicht lässt sich jetzt noch besser nachvollziehen, warum Klienten und Berater in den ersten Phasen eines Projektes – Auftragsklärung, Arbeitsorganisation und Kick-off – so viel Wert auf den Aufbau von belastbaren Beziehungen legen müssen. Wenn man erst im Konfliktfall damit anfängt, ist es zu spät. Die meisten Widerstände lassen sich schon in diesen frühen Phasen erkennen oder herausfiltern – oder zumindest die Positionen, Motivationen und Antreiber der entsprechenden Klienten.

Natürlich gibt es gewisse persönliche oder emotionale Widerstände, die der Berater nicht auflösen kann. Etwa, weil er zu wenig Zugang zu der Person hat und die Beziehung noch nicht stark und geklärt genug ist, um offen über persönliche Themen zu sprechen. Gesetzt den Fall, diese Personen müssen überzeugt werden – weil ohne sie die Implementierung nicht wirksam sein kann –, so kommt der Berater irgendwann an den Punkt, die Verantwortung für die Erforschung der Widerstände und die entsprechende Überzeugungsarbeit in die Klienten-Organisation zurückzudelegieren. In vielen Fällen wären Projekte deutlich effizienter und effektiver, wenn die Auftraggeber, Vorstände oder andere Personen mit dem entsprechenden Einfluss einen größeren Teil der Verantwortung für die interne Überzeugungsarbeit übernehmen würden – alles natürlich im Einklang mit der anfangs durchgeführten Rollenklärung.

Sollte der Widerstand allerdings genau aus der Ecke der Auftraggeber, Vorstände oder anderen Personen mit entsprechendem Einfluss kommen, dann ist das Projekt von vornherein zum Scheitern verurteilt – implementiert wird nichts oder zumindest nicht das, was beim Beratungsprojekt als Empfehlung herausgekommen ist. Der ethisch richtige Schritt wäre, das Projekt als Berater in diesem Fall erst gar nicht anzunehmen (siehe oben unter „Pitch", (Seite 141ff.) beziehungsweise – wenn dieser Widerstand erst später deutlich wird und sich nicht auflösen lässt – sofort abzubrechen.

Und nun zur letzten Frage in diesem Abschnitt, warum der Berater die mit dem Widerstand verbundene Information auch noch schätzen soll. Mit der Erforschung des Widerstandes lernt er in hohem Maße alle notwendigen Rahmenbedingungen für eine erfolgreiche Implementierung kennen. Außerdem ermöglicht dieses Wissen dem Berater, das Ergebnis unter Umständen sogar qualitativ noch zu verbessern oder zu verfeinern. Aber vor allem der erste Punkt ist wichtig – er liefert quasi die Steilvorlage für alle Diskussionen über die nächsten Schritte und Anforderungen an den Implementierungsprozess. Für eine Umsetzungsplanung ist eine genaue Kenntnis der Widerstände in der Organisation unabdingbar.

Klienten sollten:

- verfügbar sein und den Prozess aktiv und konstruktiv entsprechend ihrer Rolle unterstützen,
- konsequent auf die Implementierbarkeit der erarbeiteten Konzepte achten,
- darauf achten, dass der Arbeitsplan fokussiert und doch flexibel eingehalten wird,
- keine Nebenthemen einbringen, nur „weil die Berater ja sowieso gerade da sind",
- Pragmatismus und Klarheit einfordern,
- kommunizieren, kommunizieren, kommunizieren,
- Bedenken und Widerstand offen und explizit äußern – und nicht erst bei der Abschlusspräsentation.

Berater sollten:

- sich mehr Zeit für die Diagnose nehmen,
- bei der Empfehlung mehr auf die Umsetzbarkeit als auf die vermeintliche Genialität achten,
- keine selbständigen Richtungsänderungen oder Zusatzarbeiten vornehmen, die nicht mit dem Klienten abgestimmt sind,
- priorisieren – also auch mal „Nein" sagen,
- die Perspektive, Rolle und Verantwortung der einzelnen Stakeholder im Blick behalten,
- weniger Slides produzieren – dafür mehr klare und explizite Aussagen formulieren,
- mehr kommunizieren,
- expliziten Widerstand provozieren und als wichtige Information schätzen, anstatt ihn zu bekämpfen.

2.7 Eine Beendigung der Beraterunterstützung mit expliziter Reflexion zum beiderseitigen Lernen

Nach dem Projekt ist vor dem Projekt. Manche Projekte verlieren in ihrem Verlauf an Spannung. Wenn man alles richtig gemacht und sich immer eng abgestimmt hat, gibt es am Ende natürlich keine Überraschungen mehr. Und mit dem Kopf sind alle Beteiligten schon bei den nächsten spannenden Fragen, die man angehen könnte. Berater vielleicht noch eher als Klienten, aber auch diese sind häufig froh, wenn ein anstrengendes Projekt endlich abgeschlossen wird und sie wieder zum „Alltag" übergehen können.

Als Abschluss eines Projektes wird leider manchmal nur die Abschlusspräsentation gewertet. Vielleicht noch die anschließende Übergabe aller möglichen Dokumentationen und Unterlagen. Und das war's dann.

Dabei ist es genauso wichtig, die gemeinsame Arbeit explizit zu beenden, wie sie im Rahmen eines Kick-off-Meetings zu beginnen. Und zwar aus drei Gründen:

• Um (hoffentlich) den Erfolg des Projektes zu feiern.
• Um aus dem gemeinsamen Prozess zu lernen.
• Um die weitere Handlungsfähigkeit des Klienten sicherzustellen.

Das „Feiern eines Erfolgs" ist ein wichtiger Teilaspekt. Immerhin wurde eine ganze Zeit lang hart gearbeitet. Für viele Klienten bedeuten Projekte immer Zusatzaufwand zum ohnehin schon vollgepackten Arbeitsalltag. Da ist es eine Frage des guten Stils, in angemessener Art und Weise „Danke" zu sagen. Das gemeinsame Abendessen in einem Restaurant, das Kartfahren, die Bergwanderung, die Weinprobe oder die Fahrt mit dem Heißluftballon ersetzen natürlich nicht die Bestätigung von Leistung durch die Projektleiter, Auftraggeber und Partner schon während des Projektes. Die Palette an angemessenen Anlässen für einen Abschlussevent ist breit. Hauptsache, der Anlass ermöglicht die Kommunikation. Ein Theater- oder Musical-Besuch alleine eignet sich weniger.

Wichtig ist am Ende eines Projektes die Chance, etwas aus dem gemeinsamen Prozess zu lernen: Was hat in den einzelnen Projektphasen gut funktioniert und was nicht? Welche Richtungswechsel in Bezug auf den originären Auftrag und Arbeitsplan hat es gegeben, welche Krisen und Konflikte – und was können wir daraus lernen? Gab es frühzeitige Warnsignale, die wir hätten wahrnehmen können? Was werden wir beim nächsten

Projekt, auch wenn es vielleicht in einer anderen Konstellation stattfindet, anders machen? All diese Frage sollten sich sowohl auf die inhaltliche, die strukturelle (zum Beispiel bezüglich der Rollenverteilung) als auch auf die Beziehungsebene beziehen.

Für die Reflexion der inhaltlichen Dimension sollte man durchaus auch das ursprüngliche Angebot der Berater noch einmal gemeinsam anschauen. Viele Berater scheuen diese Transparenz wie der Teufel das Weihwasser. Wohl aus Sorge, sie müssten im Nachhinein jede Abweichung im Detail rechtfertigen. Wenn das aber der Fall ist, ist im Projekt sowieso schon einiges schiefgelaufen. Sofern die Abstimmung im Verlaufe des Projektes gut funktioniert hat, ist die Wiedervorlage des Angebots völlig risikofrei, selbst wenn sich das Projekt letztlich anders entwickelt hat. Der Klient hat ja alle Entscheidungen mitgetragen. Solange beide Parteien ein ehrliches Interesse daran haben, aus dem Prozess zu lernen, und nicht neu verhandeln, etwas schönreden oder dem anderen Vorhaltungen machen wollen, kann man aus jeder Ursache einer notwendigen Anpassung etwas lernen. Und im idealen Fall wird man ja sowieso sagen können: „Schau, auf dieses visualisierbare Endprodukt hatten wir uns geeinigt – und hier ist es! Jetzt sind wir erfolgreich fertig."

Ob ein solches Gespräch im Rahmen des obengenannten Feierns oder bei einem extra dafür vorgesehenen Termin stattfindet, ist letztlich Geschmacksache. Hauptsache, man schafft eine offene und konstruktive Gesprächsatmosphäre, in der man sich gegenseitig konstruktives Feedback geben mag. Und wenn das nach drei Gläsern Bier besser funktioniert, dann bitteschön.

Neben der Reflexion des Prozesses sind auch die nächsten Schritte für die Organisation festzulegen. Nur weil das Projekt an sich oder auch nur die Unterstützung durch den Berater beendet wird, ist das neue Konzept noch nicht unbedingt implementiert und wirksam. Häufig fängt für den Klienten die Veränderungsarbeit auf breiterer Front jetzt erst richtig an. Er muss nun zum Beispiel viel kommunizieren, neue Abläufe verankern, viele Detailentscheidungen treffen, seine Mitarbeiter trainieren und ein Wirkungscontrolling einrichten. Diese nächsten Schritte sollte er auf jeden Fall zusammen mit dem Berater diskutieren. Dabei geht es nicht unbedingt immer um eine hundertseitige Umsetzungsplanung. Oft reicht es auch, einem „guten Klienten (!)" die wichtigsten Stichworte mit auf den Weg zu geben. Klient und Berater müssen sicherstellen, dass die Handlungsfähigkeit der Organisation erhalten bleibt und der Klient die Verantwortung für das weitere Vorgehen tatsächlich übernehmen kann. Und das heißt eben nicht, in der Abschlusspräsentation im Sinne eines „Data Dump" noch einmal sämtliche Analysen, Erkenntnisse und Empfehlungen ohne größere Diskussion zu präsentieren und dann gleich zum nächsten Projekt aufzubrechen und nicht mehr verfügbar zu sein. Ein verantwortlicher Abschluss bedeutet, ausführlich über das weitere Vorgehen zu sprechen und nur die relevanten Unterlagen, nachvollziehbar aufbereitet, zu übergeben.

Goldene Regel Nummer 13 (Klienten und Berater)

Nutze den Abschluss des Projekts für eine explizite Erfolgskontrolle, eine angemessene Diskussion der anstehenden Herausforderungen der Implementierung sowie eine gemeinsame Reflexion über den Projektverlauf.

Das Projekt beziehungsweise die Phase der Beraterunterstützung offiziell abzuschließen heißt rein formal auch, das Projektteam zu entlasten und in der Konstellation aufzulösen. Aber Achtung, das bedeutet nicht unbedingt, dass der Berater im weiteren Verlauf der Implementierung nicht noch eine sinnvolle Rolle spielen kann oder sogar sollte.

Es ist eine Einzelfallentscheidung – und keine einfache – abzuwägen, ab wann ein Klient die weitere Umsetzung der geplanten Veränderung auch alleine bewältigen kann. Alternativ zur abrupten Beendigung der externen Unterstützung kann es in spezifischen Situationen auch sinnvoll sein, den Beratereinsatz systematisch langsam zu reduzieren. Das bedeutet, dass Berater durchaus noch länger an einzelnen, neuralgisch wichtigen Punkten der Veränderung in der Verantwortung bleiben. Sei es nun in einer inhaltlichen Funktion, als Controller des Prozesses oder als Coach und Trainer. Hauptsache – Sie ahnen sicher schon, was jetzt kommt –, es gibt einen neuen, vollständig geklärten Auftrag für diese nächste Phase. Mit explizit formuliertem „zu lösenden Problem" und „visualisierbarem Endprodukt"!

Wichtig ist es trotz aller sinnvollen Unterstützung der Implementierung, das Projekt zu einem angemessenen Zeitpunkt explizit zu beenden und nicht immer neue Folgeprojekte anzuhängen, die mit dem ursprüglichen Ziel nichts mehr zu tun haben. Der Einfachheit halber kann man den Übergang zur Phase „Follow-up" so definieren, dass der Berater für seinen weiteren Einsatz beim Klienten nicht mehr bezahlt wird. Sonst wäre es ein neues Projekt oder eine weitere zu klärende Phase.

Klienten und Berater sollten:

- ihr Verhalten während des Projektes selbstkritisch reflektieren,
- sich gegenseitig wertschätzendes und konstruktives Feedback geben,
- klar formulieren, worauf man bei einem nächsten Projekt besonders achten möchte,
- ein erfolgreich abgeschlossenes Projekt auch feiern.

Klienten sollten:

- die nächsten Schritte und zu schaffenden Rahmenbedingungen mit dem Berater diskutieren,
- sicherstellen, dass sie die Verantwortung für das weitere Vorgehen gänzlich übernehmen können.

Berater sollten:

- den Klienten in die Lage versetzen, dass er in der weiteren Implementierung handlungsfähig bleibt,
- nur die relevanten und nachvollziehbar aufbereiteten Arbeitsergebnisse übergeben,
- in einem „geordneten Rückzug" die Verantwortung für die Implementierung vollständig an den Klienten übertragen.

2.8 Ein geeignetes Follow-up mit beiderseitiger Verantwortung zur Sicherung der Nachhaltigkeit

Nach Abschluss eines Projektes sind die Berater oft bereits am folgenden Tag schon beim nächsten Klienten, der sie natürlich gleich wieder voll in Beschlag nimmt. Da bleibt keine Zeit für Nacharbeiten oder regelmäßige, ausführliche Nachbesprechungen. Im Idealfall ist das natürlich auch gar nicht notwendig. Aber in der Realität tauchen im Rahmen der geplanten Veränderung doch immer wieder unvorhersehbare Fragen, Störungen oder Herausforderungen auf. Daher ist ein geeignetes Follow-up bei den meisten Projekten durchaus sinnvoll, um die Nachhaltigkeit der Wirkung sicherzustellen.

Die Bedeutung eines gewissenhaften Follow-ups wird auch von vielen Klienten oft unterschätzt. Sie machen den Fehler zu glauben, dass mit Abschluss eines Projektes die neuen Konzepte quasi bereits implementiert sind. Die Verantwortung wird in die Organisation übergeben, das Projekt wird zum Tagesgeschäft und die entsprechenden Gremien wenden sich wieder neuen Initiativen zu. Leider brauchen Veränderungen Zeit, Aufmerksamkeit, Fehlertoleranz und bisweilen ein Nachsteuern.

Es gibt Beispiele, bei denen man geradezu über die Naivität einiger Führungskräfte verwundert ist. Nur eines: In einem Dax-30-Konzern wurde in einem mehrjährigen Aufwand eine neue Markenplattform definiert. Unterschiedliche Berater waren im Laufe der Zeit an diesem Projekt beteiligt. Am „Ende" hat der Vorstandsvorsitzende die neue Markenplattform (nur!) einmal in einer Führungskräfteveranstaltung kommuniziert. Und nach sechs Monaten war er ganz überrascht, als sich noch nicht wirklich etwas geändert hatte und seine Mitarbeiter ratlos danebenstanden. Sein einziger Kommentar: „Aber ich habe das doch kommuniziert!" Nun, die Umstellung einer Markenplattform – inklusive der damit verbundenen Werte, Perspektiven und vieles mehr – in einem Unternehmen mit mehreren zehntausend Mitarbeitern ist ein Aufwand von mehreren Jahren und braucht ständige (!) Aufmerksamkeit des Top-Managements. Andernfalls gibt es nur eine Reihe bunter Bilder und ein neues Logo – aber keine Veränderung der Organisation. Und diese Erkenntnis lässt sich leicht auf die Mehrzahl größerer Veränderungsprozesse übertragen.

Jetzt mündet natürlich nicht jedes Projekt in einen mehrjährigen Veränderungsprozess. Diese „großen" Veränderungen sind sowieso als eigenständiges Projekt zu verstehen, mit allen Konsequenzen, und nicht als Tagesgeschäft. Da sollten in jedem Fall auch die steuernden Gremien weiter im Amt bleiben. Aber auch bei vielen kleineren Projekten lohnt es sich, auch nach offiziellem Abschluss immer einmal wieder hinzuschauen.

Sicherlich muss man bei der Frage nach der Verantwortung für ein angemessenes Follow-up zwischen den Hierarchieebenen unterscheiden. Auf Klientenseite bleiben der Auftraggeber und/oder der Projektleiter in der Verantwortung. Und die Teammitglieder sind nach wie vor angehalten, Input – auch in Form von Bedenken – zu liefern. Auf Beraterseite bleibt die Verantwortung für das Follow-up in den meisten Fällen auf der Partnerebene, manchmal noch bei den Senior-Projektleitern, während das Team zum nächsten Klienten „entlassen" wurde.

Die beiderseitige Verantwortung für das Follow-up lässt sich relativ leicht in operative Aufgaben übersetzen: Der Klient sollte einfach bei jeder offenen Frage beim Berater anrufen und sich mit ihm austauschen. Das gehört zum

„After Sales Service" oder der „Gewährung einer Garantieleistung". Und der Berater sollte einfach in regelmäßigen oder auch unregelmäßigen Abständen beim Klienten anrufen und sich nach dem Stand der Dinge erkundigen. Dabei steht nicht das gegenseitige Auf-die-Schulter-Klopfen im Vordergrund, sondern die kritische Auseinandersetzung mit dem Verlauf der Implementierung und der Frage nach der nachhaltigen Wirksamkeit.

Wenn bei diesen Gesprächen festgestellt wird, dass etwas nicht nach Plan läuft, gibt es verschiedene Optionen. Vielleicht reicht ein klärendes Gespräch zwischen den verantwortlichen Klienten und Beratern, sozusagen ein Impuls, um die Veränderung wieder „auf Spur zu bringen". Vielleicht bedarf es aber auch einer echten Intervention in Form eines Workshops mit den relevanten Teilnehmern. Vielleicht müssen die Schwierigkeiten aber auch an die nächsthöhere Ebene eskaliert werden. Oder es ist sinnvoll, den Berater doch noch einmal für eine temporäre Unterstützung in Bezug auf die aktuellen Herausforderungen einzustellen. Egal wofür sich die Beteiligten entscheiden – letztlich geht es beim Follow-up um die nachhaltige Wirksamkeit des Projektes.

Wichtig ist, und mit diesem Hinweis schließt sich der „Projektkreislauf", dass mit dem Follow-up nicht das Identifizieren neuer Themen gemeint ist, sondern tatsächlich das Nachverfolgen eines offiziell abgeschlossenen Projektes. Es geht auch nicht darum, dem Klienten nur häppchenweise zu sagen, was er braucht – das hätte er in der Phase der Initiierung oder Auftragsklärung tun müssen. Alles andere ist – zumindest soweit vorhersehbar – unredlich.

Wenn der Berater beim Klienten anruft und sich nur als Aufhänger für ein weiterführendes Gespräch nach dem alten Projekt erkundigt, dann befinden wir uns tatsächlich wieder in der Phase „Initiierung von Projekten". Und da gelten alle Kriterien, die bereits beschrieben wurden, wie die Organisation nicht überfordern, nur sinnvolle Projekte vorschlagen etc. Selbstverständlich existiert eine logische Klammer zwischen dem Follow-up und dem Initiieren möglicher neuer Projekte. Und dann sind wir wieder bei der CEO-Agenda, auf der jetzt neben den anzugehenden Themen auch die konsequente Implementierung des abgeschlossenen Projektes steht.

Klienten sollten:

- in einem „geordneten Rückzug" die Verantwortung für die Implementierung aus der Projektorganisation in die Organisation übergeben, das heißt zum Beispiel, die eingeführten Lenkungsgremien noch eine gewisse Zeit weiterzuführen,
- den Berater in regelmäßigen Abständen weiter proaktiv als Sparringspartner für den Fortschritt der Implementierung nutzen.

Berater sollten:

- in regelmäßigen Abständen Kontakt mit dem Klienten aufnehmen und über den Fortschritt der Implementierung sprechen,
- Hilfsangebote unterbreiten – häufig ist dabei ein kurzes Gespräch wertschaffender, als gleich wieder mit einem ganzen Team anzurücken,
- beim Follow-up nicht (nur) an potentielle neue Projekte denken, sondern vor allem an die nachhaltige Wirksamkeit des offiziell abgeschlossenen.

Fazit

Beratung ist eine wertschaffende Dienstleistung – sofern sowohl Klienten als auch Berater ihren Beitrag zur Wirksamkeit und Effizienz eines Projekts leisten

Beratung kann absolut wertschaffend sein, sofern sie der Klient richtig einsetzt und seinen Beitrag zum Erfolg proaktiv leistet. Dazu gehört vor allem auch die ständige Auseinandersetzung mit dem Berater als Person, dem Prozess und dem inhaltlichen Erkenntnisfortschritt der Berater. Nur so können Klienten sicherstellen, dass am Ende eine Empfehlung steht, die für die Organisation in der aktuellen Situation sowohl relevant als auch realisierbar ist.

Beratung kann absolut wertschaffend sein, sofern sich der Berater auf die Klientenorganisation einlässt und sich nicht nur über Inhalte definiert. Konkret bedeutet dies, der Berater muss die Realisierbarkeit einer Lösung für die Klientenorganisation in der aktuellen Situation – unter Berücksichtigung der relevanten menschlichen Befindlichkeiten – über die Kreativität und den intellektuellen Anspruch einer Empfehlung stellen. Idealerweise schafft er es aber, diese Kriterien zu kombinieren.

Weder Berater noch Klienten können die Wirksamkeit und Effizienz der hier betrachteten Projekte alleine garantieren. Es braucht ein gutes, konstruktives Miteinander, welches auf einer angemessenen Haltung dem Projekt und der Wertschätzung des Gegenübers basiert. Ganz ohne politische und taktische Spielchen werden Projekte sicherlich auch in Zukunft nicht durchgeführt, aber beide Seiten sollten sensibel darauf achten, wo der eigentliche Sinn der Zusammenarbeit, nämlich das Lösen eines Problems des Klienten, in Frage gestellt werden sollte.

Klienten und Berater können und müssen beide in jeder Phase eines Projektes aktiv dazu beitragen, dass der Einsatz der Beratungsunterstützung wirksam und effizient wird. Jeder trägt entsprechend seiner Rolle die Verantwortung für operative Aufgaben im Projekt. Und natürlich sollte keine Phase eines idealen Projektes ausgelassen werden.

Diese Buch ist in der Hoffnung entstanden, zur Reflexion anzuregen; im ersten Schritt vielleicht jeder Klient und jeder Berater für sich: Was von den hier beschriebenen Appellen ist für mich selbstverständlich? Wo habe ich mich beim Lesen ertappt gefühlt? Wozu bin ich immer wieder verführt? Und worauf möchte ich ab sofort in meinen Projekten mehr achten?

Im zweiten Schritt geht es aber um die gemeinsame Reflexion von Klienten und Beratern. Nur mit einem offeneren und ehrlicheren Miteinander kann ein Lernprozess stattfinden – und damit sichergestellt werden, dass die gemeinsamen Projekte zukünftig noch wirksamer und noch effizienter werden.

Eine effektive Konstellation

Regel 1: Setze Berater nur in Projekten ein, bei denen ein akutes und relevantes Problem zum gegebenen Zeitpunkt intern nicht gelöst werden kann und der Einsatz von Beratern sinnvoll ist.

Regel 2: Suche immer den besten Berater für Deinen spezifischen Anlass.

Regel 3: Bringe selber proaktiv alle notwendigen Kompetenzen ein und überprüfe Deine Einstellung gegenüber dem Projekt.

Regel 4: Fordere die notwendigen Kompetenzen und eine angemessene Einstellung vom Berater ein.

Ein wertschätzendes Miteinander

Regel 5: Befreie Dich von Deinen Vorurteilen und persönlichen Befindlichkeiten und begegne dem Berater mit der gleichen Haltung, die Du Dir von ihm wünschst.

Regel 6: Hinterfrage die Gründe für das Verhalten des Beraters und interpretiere diese wohlwollend, bevor Du ihn verurteilst.

Regel 7: Behandle Deinen Berater gut, dann bekommst Du auch das beste Ergebnis von ihm.

Regel 8: Reflektiere regelmäßig mit dem Berater die „Wertschätzung" im gemeinsamen Miteinander.

Eine verantwortliche, operative Durchführung

Regel 9: Behalte die Verantwortung für die Ausrichtung, den Fortschritt und das inhaltliche Ergebnis des Projektes bei Dir.

Regel 10: Kläre den Auftrag intern und gemeinsam mit dem Berater, und bereite das Projekt vernünftig vor.

Regel 11: Widerstehe der Versuchung, den Berater mit Nebenthemen oder Befindlichkeiten auszubremsen.

Regel 12: Stelle die inhaltliche Relevanz der Ergebnisse dadurch sicher, dass Du Bedenken und Widerstände offen und konstruktiv thematisierst.

Regel 13: Nutze den Abschluss des Projektes für eine explizite Erfolgskontrolle, eine angemessene Diskussion der anstehenden Herausforderungen der Implementierung sowie eine gemeinsame Reflexion über den Projektverlauf.

Eine effektive Konstellation

Regel 1: Übernehme nur Projekte, bei denen der Klient ein akutes und relevantes Problem zum gegebenen Zeitpunkt nicht selber lösen kann und Dein Einsatz sinnvoll ist.

Regel 2: Gestalte Deine Rolle im Projekt basierend auf einem hohen Anspruch hinsichtlich Deiner Wertschaffung.

Regel 3: Entwickle Deine eigenen Kompetenzen und die Deines Teams kontinuierlich weiter und reflektiere regelmäßig und ehrlich Deine Einstellung dem Projekt gegenüber.

Regel 4: Fordere die notwendigen Kompetenzen und eine angemessene Einstellung vom Klienten ein.

Ein wertschätzendes Miteinander

Regel 5: Befreie Dich von Deinen Vorurteilen und persönlichen Befindlichkeiten und begegne dem Klienten mit der gleichen Haltung, die Du Dir von ihm wünschst.

Regel 6: Hinterfrage die Gründe für das Verhalten des Klienten und interpretiere diese wohlwollend, bevor Du ihn verurteilst.

Regel 7: Vergiss nicht, dass der Klient Deine Rechnung bezahlt und dass es um sein Anliegen geht.

Regel 8: Reflektiere regelmäßig mit dem Klienten die „Wertschätzung" im gemeinsamen Miteinander.

Eine verantwortliche, operative Durchführung

Regel 9:   Widerstehe der Versuchung, die gesamte Verantwortung für
alle operativen Projektaufgaben an Dich zu reißen und nimm
stattdessen den Klienten von Anfang an in die Pflicht.

Regel 10:   Widerstehe dem Druck, sofort erste Ergebnisse präsentieren zu
wollen. Stelle erst sicher, dass Dein Auftrag klar formuliert und die
Arbeit vernünftig vorbereitet ist.

Regel 11:   Sei offen für vorgeschlagene Änderungen des Arbeitsplans,
aber traue Dich auch, dem Klienten gegenüber „Nein" zu sagen.

Regel 12:   Widerstehe dem Impuls, den Widerstand eines Klienten zu
bekämpfen. Erforsche ihn stattdessen und nutze die gewonnene
Information, um Deine Empfehlung realisierbar zu gestalten.

Regel 13:   Nutze den Abschluss des Projektes für eine explizite Erfolgskontrolle, eine angemessene Diskussion der anstehenden Herausforderungen der Implementierung sowie eine gemeinsame
Reflexion über den Projektverlauf.

Glossar

Berater verwenden oft eine eigene Sprache. Obwohl sich viele Begrifflichkeiten mittlerweile bei Klienten tief verwurzelt haben, scheint die eine oder andere Erklärung sinnvoll, um Missverständnissen vorzubeugen. Es soll allerdings darauf verzichtet werden, die Beratersprache in Bezug auf die Inhalte von Projekten zu erklären (z.B. „Wir adaptieren unsere integrativen Positionen, um die Nachhaltigkeit der neuartigen Win-Win-Situation zu maximieren") – das würde ein eigenes Buch füllen. Der Fokus liegt stattdessen auf Begriffen in Bezug auf Projektmanagement und beratungsspezifische Methoden und Instrumente.

Berater sprechen von ...	Übersetzt in Klientensprache bedeutet das ...
Action Title	Überschrift auf einem → Slide. Berater legen Wert auf die Formulierung einer klaren Aussage oder Empfehlung anstelle eines einfachen Titels (siehe auch → So What).
Asap	„As soon as possible" = „So schnell wie möglich", bei Beratern: „sofort".
Assignment	Projekt, bei dem man gerade eingesetzt ist.
Audit	Jede Art von systematischer Überprüfung.
Backup	→ Slides, die zwar nicht gebraucht werden, die aber zeigen, wie fleißig man war und was man alles weiß.
Beliefs Audit	Interviews mit Schlüsselpersonen beim Klienten; in der Regel während der Diagnosephase eines Projektes.

Benchmarking	Vergleich mit relevanten „anderen" mit dem Ziel, neue Ideen zu entwickeln, oder aber um aufzuzeigen, wie dramatisch die Situation wirklich ist.
Billability	Auslastung: Der Anteil der verfügbaren Arbeitsstunden des Beraters, die dem Klienten in Rechnung gestellt werden können. Bei „guten Beratern" liegt die Zahl unter 100 Prozent – bei schlechten auch gerne einmal darüber.
Bottom Line	Das, was ein Projekt am Ende in Euro im Gewinn, EBIT o.Ä. gebracht hat. Manchmal auch einfach „Fazit".
Breakthrough Teams	„Spitzenteams" (aus Klienten und Beratern), die einen Durchbruch bewirken konnten.
Buy in	Unterstützung und Rückendeckung des Beraters oder seiner Empfehlung durch wichtige Klienten. Häufig das, worum man sich kümmert, sobald die Empfehlung feststeht.
x% Capacity	Anteil der Arbeitszeit eines Mitarbeiters oder Beraters, mit dem er auf einem Projekt eingesetzt ist.
Case	Projekt, siehe auch → Assignment, → Engagement oder → Fall.
CD (Career Development)	Personalabteilung, Mitarbeiterentwicklung.
Change Management	Unterstützung eines Veränderungsprozesses. Häufig aber auf die Formulierung von Implementierungs- und Kommunikationsplänen, Projektcontrolling und Training beschränkt. Persönliche Befindlichkeiten und Beziehungsthemen werden gerne ausgeblendet.

Coaching	In diesem Zusammenhang „Methode zur Stärkung der Klientenbeziehung". Der Berater bietet sich dem Klienten als Sparringspartner mit dem Ziel an, dass ihn der Klient in dieser Rolle auch für Themen jenseits des laufenden Projektes nutzt.
CTM (Case Team Meeting)	Internes Treffen des Projektteams.
Deck	Präsentation, siehe auch → Flow, → Hard Copy, → Präsi.
Dress Code	Kleiderordnung. Für Berater reduziert auf „dunkler Anzug, hellblaues oder weißes Hemd, moderne, aber nicht ausgefallene Krawatte" bzw. „Kostüm". Diese Limitierung wird von vielen Beratern in der Freizeit durch extra zerrissene Jeans kompensiert.
Dry Run	Proben einer wichtigen Präsentation vor Kollegen. Im Extremfall werden komplette Skripte für die Tonspur erstellt. Jeder einzelne Satz, der gesprochen werden soll, wird abgestimmt und geübt.
Dungeon	Teamraum (direkte Übersetzung „Folterkammer").
Engagement	Projekt, auf dem man gerade eingesetzt ist.
Executive Summary	(Management-)Zusammenfassung am Anfang einer Präsentation. Das → Slide, auf dem alle Aussagen und Empfehlungen der gesamten Präsentation zusammengefasst sein sollten.
Exoten	Berater, die kein wirtschaftlich orientiertes Studium absolviert haben, wie Naturwissenschaftler, Theologen, Mediziner, Juristen.
Expenses	Spesen, Reise- und andere Nebenkosten.

Fall	Projekt, siehe auch → Assignment, → Case oder → Engagement.
Flow	Präsentation, siehe auch → Deck, → Hard Copy oder → Präsi.
Fokus	Zauberwort – verspricht die ideale Kombination aus Freizeit und Erfolg. Erweist sich aber oft als „fauler Zauber".
Follow-on	Nachfolgeprojekt. Eigentlich ist damit die nächste notwendige Phase eines laufenden Projekts gemeint. Aber neue Fragestellungen werden vom Berater auch gerne als Follow-on akzeptiert.
Footer	Fußnoten auf einem → Slide. Daran kann man zum Beispiel erkennen, ob der Autor eher aus der Marketingecke kommt oder Jurist ist. Letzterer füllt ein → Slide gerne zur Hälfte mit Fußnoten.
Format-Guide	Ein Handbuch zum Erstellen von → Slides, welches Farben, Schrifttypen, Umgang mit grafischen Elementen usw. vorschreibt. Erhöht den Wiedererkennungswert von → Slides.
Hard Copy	Ausdruck einer Präsentation auf Papier. Trend: abnehmend.
Home Office	Das Büro, in dem der Berater offiziell zuhause ist. In der Regel nicht das Büro, in dem er arbeitet. Das führt zu dem sogenannten „Business Kasper"-Phänomen (nach Michael „Bully" Herbig): Der Münchner arbeitet in Frankfurt und der Frankfurter in München.
Internal Review	Vorstellung zur Verprobung von Projektergebnissen vor einem internen „Sounding Board".

Key Learnings	Die wichtigsten Dinge, die im Rahmen eines Projektes gelernt wurden. Ironischerweise finden sich auf entsprechenden Listen seit 50 Jahren die gleichen Punkte.
KM (Knowledge Management)	Die sagenumwobene Wissensdatenbank der Berater. Der heilige Gral, der alles Wissen und alle Geheimnisse über die Vergangenheit, Gegenwart und Zukunft umfasst.
Lateral Hire	Quereinsteiger. In der Regel Experten, die oberhalb der untersten Hierarchiestufe eingestellt werden.
Lead	Entweder ein Projekt, das eventuell verkauft werden könnte, oder auch eine Person, die für eine Klientenbeziehung verantwortlich ist.
LoA (Leave of absence)	Auszeit. Unbezahlter Urlaub zum „Wiederaufladen der Batterien". Außer über Handy und Blackberry sind Berater in dieser Zeit kaum erreichbar.
Mentor	Interner Sparringspartner zu Fragen der Positionierung und Karriereentwicklung.
Office Friday (auch Casual Friday)	Die Regel, dass Berater freitags gerne im „Home Office" arbeiten. Und zwar Casual, also ohne „Dress Code". Wird auch gerne als Entschuldigung genommen, wenn der Klient dem Berater vor Ort zu sehr auf die Finger schaut. Irgendwann muss ja auch ein Berater mal seine Spesen abrechnen und seine Netzwerke pflegen.
Outing	Nicht das, was Sie denken! Einfach nur „Betriebsausflug".

Practice, Practice Group	Interessengemeinschaft. Gruppen von Beratern, die entweder virtuell oder tatsächlich organisatorisch für die Betreuung einer bestimmten Industrie oder Funktion zuständig sind.
Peers	Kollegen, die vergleichbar sind. Weil sie vielleicht zur gleichen Zeit angefangen haben oder auf der gleichen Hierarchiestufe stehen.
Phase In/Paste In	Anpassen an Gepflogenheiten des Klienten, zum Beispiel beim „Dress Code". Führt zu aufregenden Stammtischgesprächen, wenn ein Berater mit leuchtenden Augen erzählt, dass er beispielsweise bei einem Einsatz bei einem Musiksender nicht im Anzug erschienen ist.
Pitch	Bewerbungsprozess um ein Projekt. Berater treten mit ihren Projektvorschlägen gegeneinander an. Ähnlich wie bei „Deutschland sucht den Superstar", nur dass die Jury und nicht das Publikum abstimmt und sich die Kontrahenten nicht gegenseitig zuhören dürfen.
Präsi	Liebevolle Bezeichnung für „Präsentation". Oder Ausdruck besonderer Hektik, wenn keine Zeit zum Aussprechen des ganzen Wortes ist.
Projektleistungsbericht	Beurteilung eines Mitarbeiters am Ende eines Projekts. Nicht zu verwechseln mit „Beurteilung eines Projekts am Ende eines Projekts" – dafür gibt es kein Wort ...
Proposal	Projektvorschlag. Dieser beinhaltet zumeist nicht nur eine genaue Beschreibung der bekannten (schwierigen) Ausgangslage des Klienten, einen Vorschlag für die Vorgehensweise im Projekt und den Preis, sondern meistens auch bereits eine detaillierte Beschreibung der Lösung. Die Frage, wozu man das Projekt dann noch braucht, wird leider selten gestellt.

RfP (Request for Proposal)	Projektausschreibung. Klienten bitten Berater um ein → Proposal.
Roadshow	Die gleiche Präsentation wird x-mal gehalten. Eine tolle Methode, um mit relativ wenig Vorbereitung möglichst viele Meilen zu sammeln.
SC, Steering Committee	Lenkungsausschuss oder Lenkungskreis. Die auf der obersten Ebene Verantwortlichen für ein Projekt werden über den Stand der Dinge informiert und haben die Aufgabe, das Projekt in Form von Entscheidungen oder Kommentaren in die richtige Richtung zu lenken.
Scope/Scoping	Projektumfang oder das Festlegen des Projektumfangs. Sollte eigentlich auch explizit festlegen, was nicht dazugehört. Aber der Teil wird häufig vergessen.
Slide	Folie, Chart, Seite in einer Präsentation oder auch einfach „Blatt im Querformat". Wichtigstes Kommunikationsmittel eines Beraters. Schafft zum Beispiel bei einem versprochenen Potential eine ähnliche Verbindlichkeit wie ein Stein, in den diese Zahl gemeißelt wurde. Angenehmer Nebeneffekt einer großen Zahl an Slides ist oft ein grades Rückgrat und eine hohe Selbstsicherheit des Beraters.
Sounding Board	Gruppe von Kollegen, mit denen man gewonnene Erkenntnisse auf ihre Relevanz und Richtigkeit verproben kann.
So what?	„Na und? Was bedeutet das jetzt?" Neben „Warum ist das so?" die wichtigste Frage, die ein Berater stellen muss, um von den Erkenntnissen aus unendlich vielen Zahlen, Daten und Fakten zu einer echten Empfehlung zu kommen. Wird vor allem auch im Zusammenhang mit den → Action Titles gerne gefragt.

Songsheet	Sprechvorlage zu einer Präsentation. Das, was ein Klient auf keinen Fall vergessen darf zu sagen, wenn er eine von den Beratern vorbereitete Präsentation halten muss.
Sponsor	Eine sehr positive Beschreibung für den Klienten, der eigentlich die ganze Verantwortung tragen sollte.
Staffing	Prozess oder auch Abteilung, die Berater den Projekten zuteilt. Ähnlichkeiten in der Aussprache zu „Stuffing = Füllung eines Truthahns zu Thanksgiving" sind rein zufällig.
Tradeoff	Abschlag von einem eigentlich abgestimmten Ziel zugunsten eines anderen Ziels. Wird häufig auch „Kompromiss"oder „fauler Kompromiss" genannt und in der Regel zusammen mit einem Schulterzucken kommuniziert.
Updaten	Aktualisieren eines → Slides oder einer Präsentation, wenn sich neue Erkenntnisse ergeben haben.
Upward Feedback	Mitarbeiterbeurteilung durch die Untergebenen. Häufig noch ohne große Relevanz, aber immerhin mit wachsender Bedeutung.
Voicemail	Sprachnachricht. Mittlerweile fast genauso veraltet wie das Wort „Sprachnachricht" an sich. So etwas wie „twittern", aber unter Verwendung der Stimmbänder. Heute schickt man eher eine E-Mail und fragt, ob der andere gerade Zeit hätte zu telefonieren. Damit vermeidet man das lästige Sprechen auf einen Anrufbeantworter.

Der Autor

Martin Stellmacher, Dr. rer. nat. der Weltraumphysik und Dipl. in Coaching, Supervision und Organisationsentwicklung, lebt im Münchner Süden.

Er war acht Jahre lang Berater bei einer der drei führenden globalen Strategieberatungen. Als solcher sammelte er Erfahrungen in zahlreichen Industrien sowie in verschiedenen Kulturkreisen (Deutschland, europäisches Ausland, USA, Lateinamerika und Indien).

Vor allem implementierungslastige Projekte, zum Beispiel Post-Merger-Integrationen oder „Go-to-market"-Strategien, weckten seine Neugier, sich intensiver mit den Erfolgsfaktoren und dem Phänomen „Beratung" generell über seine persönlichen Erfahrungen hinaus auseinanderzusetzen.

Seit 2006 ist er selbständig als Executive Coach, Trainer und Organisationsentwicklungsberater tätig. Seine Klienten umfassen dabei sowohl Beratungen als auch „normale" Unternehmen, von der Einzelperson über den Mittelstand bis zum Dax-30-Unternehmen.

E-Mail: ms@martinstellmacher.com

Rainer Hank Hg.
Erklär' mir die Welt
Was Sie schon immer über
Wirtschaft wissen wollten
336 Seiten. Hardcover mit Schutz-
umschlag. 24,90 € (D), 44,00 CHF
ISBN 978-3-89981-156-8

Hanno Beck
Die Logik des Irrtums
Wie uns das Gehirn täglich ein
Schnippchen schlägt
208 Seiten. Hardcover mit Schutz-
umschlag. 24,90 € (D), 25,50 € (A)
ISBN 978-3-89981-157-5

Sabine Strick Hg.
Die Psyche des
Patriarchen
200 Seiten. Hardcover mit Schutz-
umschlag. 24,90 € (D), 44,00 CHF
ISBN 978-3-89981-172-8

Rainer Hank Hg.
Neues vom Sonntagsökonom
Geschichten aus dem wahren Leben
240 Seiten. Hardcover mit Schutzumschlag.
17,90 € (D), 31,70 CHF
ISBN 978-3-89981-219-0

Hanno Beck
Das kleine Wirtschafts-
Heureka
Ökonomische Geistesblitze
für zwischendurch
224 Seiten. Flexcover.
17,90 € (D)
ISBN 978-3-89981-189-6

Dirk Freytag
Macht
Eine Gebrauchsanweisung
für den Alltag
232 Seiten. Hardcover mit Schutz-
umschlag. 17,90 € (D), 31,70 CHF
ISBN 978-3-89981-171-1

Daniel Schäfer
Die Wahrheit über
die Heuschrecken
Wie Finanzinvestoren die
Deutschland AG umbauen
224 Seiten. 2., akt. Auflage.
Hardcover mit Schutzumschlag.
24,90 € (D), 44,00 CHF
ISBN 978-3-89981-119-3

Hans Kammerlander, Rainer Kurek
Direttissima zum Erfolg
Was (Automobil-) Manager vom
Höhenbergsteigen lernen können
192 Seiten. Mit zahlreichen Farbbildern.
Hardcover mit Schutzumschlag.
24,90 € (D), 44,00 CHF
ISBN 978-3-89981-158-2

Daniel F. Pinnow
Elite ohne Ethik?
Die Macht von Werten und
Selbstrespekt
196 Seiten. Hardcover mit Schutz-
umschlag. 24,90 € (D), 44,00 CHF
ISBN 978-3-89981-137-7

Sämtliche Titel auch im Buchhandel erhältlich.

Frankfurter Allgemeine Buch

Stefanie Unger Hg.
Vertrauen ist gut
Werte in der Krise oder Krise der Werte?
240 Seiten. Hardcover mit
Schutzumschlag.
19,90 € (D), 34,50 CHF
ISBN 978-3-89981-207-7

Judith Lembke
Neulich in meinem Café
Ökonomische Gespräche
beim Cappuccino
224 Seiten. Hardcover mit Schutzumschlag.
17,90 € (D), 31,90 CHF
ISBN 978-3-89981-205-3

Michael Best
Kapitalismus reloaded
Wohin wir nach dem Debakel müssen
240 Seiten. Hardcover mit
Schutzumschlag.
24,90 € (D), 42,80 CHF
ISBN 978-3-89981-202-2

Winand von Petersdorff
Das Geld reicht nie
Warum T-Shirts billig, Handys
umsonst und Popstars reich sind.
Ein Wirtschaftsbuch für Jugendliche
176 Seiten. Hardcover.
19,90 € (D), 35,10 CHF
ISBN 978-3-89981-150-6

Simone Uttich, Steffen Uttich
Es ist nur Geld
10 Fehler, mit denen Sie sicher
Ihr Vermögen versenken
240 Seiten. Flexcover.
17,90 € (D), 31,90 CHF
ISBN 978-3-89981-206-0

Gerald Braunberger
Keynes für jedermann
Die Renaissance des
Krisenökonomen
200 Seiten. Flexcover.
17,90 € (D), 31,90 CHF
ISBN 978-3-89981-203-9

Katja Gentinetta, Karen Horn Hg.
Abschied von der
Gerechtigkeit
Für eine Neujustierung von Freiheit
und Gleichheit im Zeichen der Krise
120 Seiten. Broschiert.
19,90 € (D)
ISBN 978-3-89981-216-9

Annette Kehnel Hg.
Geist und Geld
220 Seiten. Hardcover mit
Schutzumschlag.
39,90 € (D), 55,00 CHF
ISBN 978-3-89981-211-4

Nadine Oberhuber
Kassensturz
Wie aus weniger wieder
mehr wird.
Gute Tipps für harte Zeiten
200 Seiten. Flexcover.
17,90 € (D), 31,90 CHF
ISBN 978-3-89981-204-6

Sämtliche Titel auch im Buchhandel erhältlich.

Frankfurter Allgemeine Buch